人居两旺之

居家风水

Ju
Jia fengshui

深圳市金版文化发展有限公司／策划

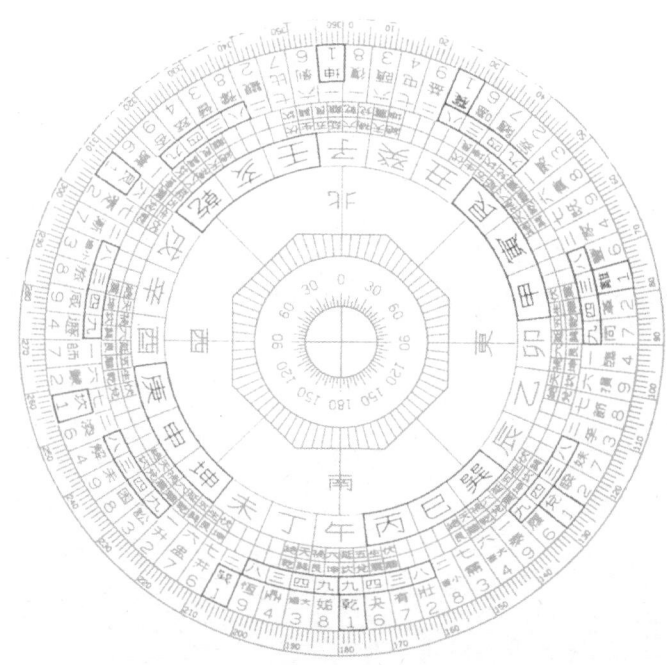

陕西旅游出版社

序

大自然给予我们赖以生存的空间和繁衍生命的物质基础，了解自然，利用自然，是人类社会长期探索的课题。阳光、空气、青山、绿水是我们生活中必不可少的元素，同时，这些绝妙的自然景观一直以来又是古今文人雅士讴歌美好人生的用之不竭的创作源泉。

被称为中国古代景观建筑学的风水是中国闻名于世的一大文化现象，风水术被定义为古建筑理论之精华，是我国古代地理选址与布局的艺术。在中国传统建筑中，千方百计寻求一处"好气场"，这就是风水。风水学的最大科学命题是"天人合一"，风水探求建筑的择地、方位、布局与自然、人类命运的协调关系，采取"辅相天地之宜"等手段，排斥人类行为对自然环境的破坏，注意人类对自然环境的感应，并指导人如何按这些感应来解决建筑的选址乃至建造。中国古代的很多城市、寺庙、村落、民宅的选址、规划布局，都是运用其理论。风水施加于居住环境的影响有几个方面：第一，是对基址的选择，即追求一种在生理和心理上都能满足的地形条件；第二，是对居处布置形态的处理，包括自然环境的利用与改造，如住宅，首先强调的是根据本宅位置、周围环境的来路及方向、气候（指地理所需的要求），去构建有利于人们生活和生产的室内景观生态等；第三，是在上述基础上添加某种符号，以满足人们追求完美的心理需求，室内的合理布置、生相配合装饰也可给人心理一种美的感受。

风水学是文化的重要组成部分，它赋予建筑以精神内涵。中国的风水理论，在近代也引起了西方国家的关注，著名的美国生态设计学家托德指出：中国风水具有鲜明的生态实用性。享誉全球的美国土建筑学家吉戈兰尼认为"中国的住宅，村庄和城市设计具有自然和谐并随大自然演变而演变的独特风格"，这些都充分说明了人类自然科学领域对风水的深切关注及认识。

根据1993年在美国芝加哥举行的国际建筑师第19次代表大会上提出的"为争取持久未来的相互依赖"为宗旨的《芝加哥宣言》的精神，当今世界哲学发展的主潮流是以生态为中心的世界观和中国古代"天人合一"的哲理，认为在建筑规划与设计领域中，要树立人居环境可持续发展的建筑观。它是以人为本，天人合一，遵循自然，回归自然，人、社会、自然三者和谐，生态综合平衡，生生不息的可持续发展。

综上所述，编者认为风水对人类生态有着很大的影响，甚至影响着人类物质生态的改变。随着综合国力的提高，人们已把建筑看成是一种社会需求，这种需求推动着家居、餐饮空间及商务公共设施等一致走上高品位阶段。特别是近几年来，大批"海归"设计师在设计中融入了现代的理念，使得愈来愈多现代而又充满传统艺术精神的作品不断涌现，让人们深深体会到将中国文化内涵运用到建筑上所产生的视觉空间的震撼力。通过风水学为手段，在设计生活的过程中认识自然、了解自然、利用自然。建筑要设计出环境优美、舒适、卫生的生活空间，助人拥有健康的生活。营造一种安定静谧、温馨祥和的环境，就是理想的居住环境、好的风水所在。

编者

第一章 大门风水

一、迎财纳福第一关——大门之门向风水大探究 ……7
1. 门向的重要性 ……8
2. 职业与门向的关系 ……8
3. 地理环境影响开门方向 ……8
4. 生肖与十二地支对照图 ……9
5. 门向无法调整时的因应之道 ……9

二、大门大忌讳 ……10

三、大门的颜色与尺寸 ……11
1. 颜色 ……11
2. 尺寸 ……12

四、大门与外面其他门相对 ……12

五、好风水大门实例 ……14

第二章 走廊（楼梯）风水

一、走廊 ……19
1. 走廊的平面位置 ……19
2. 走廊要光亮 ……20
3. 走廊吊顶宜做成假天花 ……20
4. 走廊天花柜不可摆放利器 ……20
5. 走廊灯光不宜五颜六色 ……20

二、楼梯 ……22

三、好风水走廊（楼梯）实例 ……24

第三章 玄关风水

一、玄关在住宅中的方位 ……33

二、哪些屋不宜设玄关 ……36

三、玄关不宜太狭窄 ……36

四、玄关不宜镜照门 ……36

五、玄关顶不宜有横梁 ……36

六、玄关宜光线充足 ……37

七、玄关宜整洁 ……37

八、玄关鞋柜宜忌 ……37

九、玄关饰物要留意 ……38

十、好风水玄关实例 ……40

第四章 客厅风水

一、客厅的位置 ············ 50
二、大厅摆设物 ············ 54
    1. 植物 ············ 54
    2. 鱼缸 ············ 60
    3. 挂画 ············ 62
    4. 时钟 ············ 65
    5. 花瓶 ············ 67
    6. 屏风 ············ 68
    7. 地毯 ············ 69
    8. 镜子 ············ 71
三、好风水客厅实例 ············ 72

第五章 餐厅风水

一、餐桌的颜色 ············ 79
二、餐桌的形状 ············ 80
三、餐桌摆放其他禁忌 ············ 80
四、好风水餐厅实例 ············ 88

第六章 主人房风水

一、主人房的方位 ············ 93
二、主人房的形状 ············ 94
    1. 什么形状的主人房是最理想的 ············ 94
    2. 圆形的主人房好不好 ············ 94
    3. 其他形状的主人房好不好 ············ 94
    4. 房内有柱位好不好 ············ 94
三、主人房的门口 ············ 95
    1. 主人房门口对厨房门口 ············ 95
    2. 主人房门口对厕所门口 ············ 95
    3. 主人房门口对杂物室门口 ············ 95
四、床的安放 ············ 96
    1. 床不可对着房门 ············ 96
    2. 床不宜四面无靠 ············ 96
    3. 床顶忌灯光直射 ············ 96

4. 床头宜贴着墙壁 ………………………96
5. 床头不宜空虚 …………………………96
6. 床头忌向开门方 ………………………96
7. 床头宜斜对着门口 ……………………97
8. 床头墙壁的背后 ………………………97
9. 主人房色调要柔和 ……………………97
10. 主人房光线明暗宜适中 ………………97
11. 主人房忌杂物过多 ……………………97

五、主人房装饰品风水宜忌 ………………98
 1. 镜子 …………………………………98
 2. 玻璃 …………………………………102
 3. 衣柜、衣箱 …………………………105
 4. 桌子与架子 …………………………105
 5. 水晶 …………………………………105

六、好风水主人房实例 ……………………108

第七章 儿童房风水

一、儿童房的方位 …………………………115
二、儿童房的颜色 …………………………116

三、儿童房的禁忌 …………………………128
四、好风水儿童房实例 ……………………129

第八章 老人房风水

一、老人房的挑选 …………………………135
二、老人房的位置 …………………………136
三、老人房的考虑因素 ……………………137
四、老人房的空间大小 ……………………138
五、老人房的床 ……………………………138
六、好风水老人房实例 ……………………140

第九章 书房风水

一、书桌的方位 ……………………………147
二、书桌的禁忌 ……………………………152
三、好风水书房实例 ………………………153

第十章 厨房风水

- 一、厨房的方位 …………………… 161
- 二、厨房的装饰色调 ……………… 163
- 三、厨房炉灶宜忌 ………………… 164
- 四、开放式厨房 …………………… 166
  1. 气体炉忌冲灶口 …………………… 166
  2. 炉灶不可对墙角 …………………… 166
- 五、厨房勿设于宅中心 …………… 166
  1. 炉灶也要倚靠 ……………………… 166
  2. 炉灶忌黑红二色 …………………… 166
  3. 上厕下厨大不宜 …………………… 166
  4. 横梁不宜压炉灶 …………………… 166
- 六、好风水厨房实例 ……………… 168

第十一章 吧台风水

- 一、吧台宜忌 ……………………… 173
- 二、吧台的装饰品 ………………… 174
- 三、吧台的色调 …………………… 174
- 四、好风水吧台实例 ……………… 178

第十二章 卫生间风水

- 一、卫生间不宜接近大门入口 …… 187
- 二、卫生间不宜在正西方 ………… 188
- 三、卫生间不宜在房子中央 ……… 188
- 四、卫生间宜阳光充足、空气流通 … 188
- 五、卫生间的其他设施 …………… 189
- 六、好风水卫生间实例 …………… 190

第十三章 阳台风水

- 一、阳台注意事项 ………………… 197
- 二、阳台的形状 …………………… 198
- 三、好风水阳台实例 ……………… 199

第十四章 风水吉祥物品图解

第一章 大门风水

门是住宅的吐、纳气门户，书曰：宜开吉方旺方。但现代都市住宅门户很难改变，只能根据住宅方位稍移动或扩大，也可以用阳台作为气口之补充，但大门之气忌直奔阳台。古云：宁为人家立千坟，毋为人家安一门。由此可知门之重要性。

一、迎财纳福第一关
大门之门向风水大探究

- 大门的门向、门口外面的地势与景观，抑或因特殊地理要素所形成之特别格局，均对住宅风水有决定性的影响。
- 公寓或大厦楼下的大门即为大气口，主宰着房屋里一家人的命运。
- 地理环境中水的流向深深影响着门的方向，因此适当的对居家周围做个评估再确定门向为佳。
- 每个人的生辰不同亦影响开门的方向，故应对照自己的生辰，进而找出适合的门向。
- 开门的方向是影响住宅财位的主因，若住宅的开门方向好，则能达到财旺的效果。

对一间住宅而言，最重要的地方就是大门了，无论是本身的门向，抑或是门口外面的地势与景观，都深深影响一个家庭的运势。但什么样的门向方位最适合自己呢？在这里谈谈门向风水的问题。

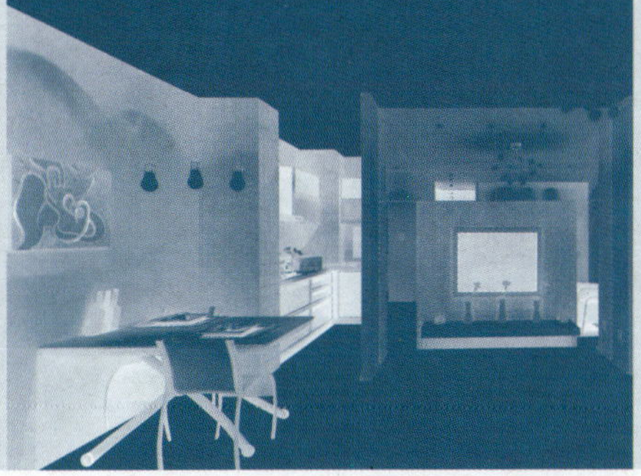

人居两旺之居家风水

1.门向的重要性

门的重要性就好比是一个人的口，所谓祸从口出，病从口入。而住宅风水上的门就正好主宰这房屋里一家人的命运，但风水上的门究竟是指哪里呢？以现代的建筑形式而言，门就是指气口。公寓式大厦楼下的大门就是大气口，自己家中的门就是小气口。无论是大门的门向，还是门口外面的地势与景观、门里和门外的方位与情势，抑或因特殊地理要素所形成的特别格局和住宅穴场，均对住宅风水有决定性的影响。一个真正的住宅风水家，就必须知道如何消砂纳水，鉴定与设计门向和规划布局，从而发挥住宅的最大功能。

2.职业与门向的关系

"东北"和"西南"这两个方位通常是不开门的，那到底哪一个方位才适合自己，有利于事业呢，一般而言，以东、南两个方位为佳。

正门向东：正门向东代表了太阳从东边升起，旭日东升，象征活力朝气，是最适合生意商家所开的门。

正门向南：正门向南代表了坐北为主，南面称臣，适合政治家、企业家、宗教家、富商名人等。

3.地理环境影响开门方向

究竟应该把门开在哪一个方位呢？是中门、虎门，还是龙门呢（龙门在左，虎门在右）？据知，地理环境中水的流向深深影响着开门的方向，兹将其分述如下：

(1)开中门

例如，房子的正前方是湖、海、川、沟、河、江、池、沼，有水流或水气聚集，在这种情况下要开中门。但若是地势非常平坦，不是倾斜，也非山坡，在附近也看不出高高低低的地势起伏，这种情形应该也要开中门。

(2)开龙门

水由虎边流向龙边，也就是地势右边高于左边（站在家中往外看），水流或气流由右向左动，如此地理形势则适合开龙门。

(3)开虎门

水由龙边流向虎边，也就是地势左边高于右边，河水或马路的水流或气流由左边向右边流，这样的房子就适合开虎门。

4. 生肖与十二地支对照图

生肖	地支
鼠	子
牛	丑
虎	寅
兔	卯
龙	辰
蛇	巳
马	午
羊	未
猴	申
鸡	酉
狗	戌
猪	亥

说明：若属蛇者，表格对应为巳人，而巳人开门酉山卯向，故应为坐西向东的门向。

5. 门向无法调整时的因应之道

若是已做好的正门方向与生命磁向不合时，该怎么办呢？可以有以下两种解决办法：

(1)改门扉

只要将门扉移动，方位也随之更改，甚至可以请专业人员将门扉移动90°，总之只要将门扉的方向变成面向自己生命磁向的吉方就可以了。

(2)设计玄关

可以用巧妙的玄关布置法来解决错误的门向问题，至于如何布置则需请教专业的住宅设计大师依据实际情况进行具体分析与设计。

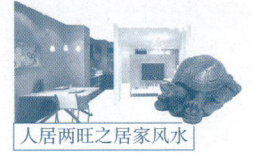

二、大门大忌讳

大门内外若有以下状况应立即改善。

1. 门前不可堆放垃圾，有的话应移至别处。
2. 不可面对路冲，可在屋前种植树木或设艺术石装饰。
3. 不宜面对庙宇。寺庙永远给人一种阴沉的感觉，对健康及运气不利。
4. 大门不可面对高压电塔、电线杆及变电箱，距离500米以内即会影响人体健康。
5. 不可正对电梯门。否则不利财运，容易罹患精神分裂症等疾病；正对者可以屏风、玄关隔间隔开。
6. 门前不可有枯树。因为枯树没有生气，会导致运势不顺，或者产生灾厄、疾病，应搬开或拔除。
7. 不可面对他人屋角。风水学中忌讳尖锐的力量，每天开门都要面对（煞气），容易发生意外。
8. 紧临家外的外大门，应开在内大门之龙方，或者正对亦为吉方，否则应以屏风改变方向。
9. 紧临家外的外大门，方向绝对不可顺水流。
10. 外大门、内大门、屋大门若连成直线，应以屏风或柜子遮挡隔间。
11. 门的高度不宜太高，否则会给人以被禁锢牢狱之中的不适感觉。
12. 主屋大门向内之面不可挂图案照片，已悬挂者宜即时取下。
13. 横梁压门，如一进门即受压制，则家中人郁郁不得志，压抑终生。
14. 大门做成拱形，则状若墓碑，很不吉利，这种情况在家居装饰中时有所见，特别需要避忌。

三、大门的颜色与尺寸

1.颜色

一般人喜欢将大门漆成红色，觉得这样能够讨个吉利，却不知道红色也未必适用于所有的方位。例如，向北开的门，便不适合漆成红色。因为以科学的观点来看，坐南朝北的房子，北风容易直接吹入，本来就比较干燥，若此时大门刚好是容易让人亢奋的红色，感觉上就会特别燥热，对人的情绪会带来负面影响。

大门的颜色最好与房主的五行之色匹配，这样，住宅的大门才更完美。

金命大门吉祥色——白色、金色、银色、青色、绿色、黄色、褐色

木命大门吉祥色——青色、绿色、黄色、啡色、褐色、灰色、蓝色

水命大门吉祥色——灰色、蓝色、红色、橙色、白色、金色、银色

火命大门吉祥色——红色、橙色、白色、金色、银色、青色、绿色

土命大门吉祥色——黄色、褐色、灰色、蓝色、红色、橙色、紫色

说明： 大门的颜色也有化煞作用。

(1)大门向属金的反方

西方和西北方都属金，是东四命的不利方。东四命的五行分别有属木的、属水的和属火的。如果是属火的，由于火克金，那就可以直接使用火的颜色克制金煞。火的颜色主要是红色、深橙色之类，这些颜色很鲜艳，最好只在铁闸的中央部位涂上属火的颜色，其他部分可使用较浅的色泽。

如果命造属水，由于水能泄金，故可用水的颜色泄金煞之气。属水的颜色主要是蓝色。至于属木的人，亦可取其金水木相生之义，用水的颜色去泄金生木，故亦可使用属水的颜色化煞。

(2)大门向属土的反方

西南及东北属土，亦是东四命的不利方。

属木的东四命，由于木能克土，故可把大门涂上属木的颜色，即使用绿色之类。属火的东四命，由于火生土，土煞泄火之气，故不宜用属火的颜色来对应。属水的东四命，由于土能克水，所以亦不宜用属水的颜色来对应。那么，属水与属火的该如何解除土煞的干扰呢？他们亦可

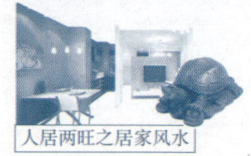

分别使用属金和属木的颜色来化煞。

(3)大门向属木的反方

东方及东南方属木，为西四命所忌。西四命的五行分别是属金及属土。当属金的人，其大门在木方，由于金能克木，所以可用属金的颜色克木煞，即使用金色、杏色、白色等。如果其人属土，由于木克土，所以亦应使用属金的颜色。

(4)大门向属水的反方

北方属水，亦为西四命所忌。金能生水，故属金的人不能用属金之色，否则会泄己生煞，可是土能克水，故属土和属金的人可用属土之色克制水煞，这包括黄色、棕色等。

(5)大门向属火的反方

南方属火，也是西四命所忌。火能克金，故属金的人也不能用属金之色对治火煞。但是，火生土，故土能泄火煞之气。属土的正好使用土色化煞，属金的人亦可以使用土化煞生旺自己的五行，可谓一举两得。

若居所不便改动大门颜色，则可以在门上贴上以某类特别颜色为主的图画，亦可以在大门前放置某类特别颜色的地毯，但化煞力量会较弱。

2.尺寸

大门的尺寸与房子应成比例，不可门大宅小，亦不可宅大门小。同时，大门是一家的面子，宜新不宜旧，大门如有破损，应即时更换。

四、大门与外面其他门相对

一间房屋的大门就像一个人的脸面，它同时也是家人的出入口，在风水上的位置要是不妙，除了影响房屋本身的运势外，同时也会影响出入的人，所以在风水上"门"是住宅三要之首，绝对有它的道理。

两家之间的大门若是相对，就好像老是和对方大眼瞪小眼，难免会产生冲突。以常理来看，因为门对门可能会出现许多不期而遇的情况，比如有时会不小心给对方造成惊吓，或一些隐私不经意间被对方看见等。类似的情况发生的次数一多，就可能心生厌烦，导致日后一些矛盾产生，所以在风水上大门最好不要对着其他房屋的大门，避免一些不必要的争执发生。但是以现今一些公寓的设计，户对户、门对门的情形来说这是无可避免的，在此我们针对各种大门可能出现的情形，介绍一些化解的方法。

> **风水小贴士**
>
> 在风水学上，藏风聚气的方位便称为聚气位，又称为财气。大门口的对角线便是财气位，例如大门在左上角，它的对角线右下角便是财气位了。如果大门在右上角，它的对角线左下角便是财气位。假设大门在中上方，它的对角线左下角及右下角便是财气位。

1.大小不一致。

如果两家大门的大小不一致,碰到对方大门做得比较大时,可以在自家门上挂上八仙彩或红布来装饰。

2.没有正对。

大门和对面的大门需要完全正对(门面平行),如果偏了,可以用凸面镜来平衡,如果担心凸面镜太过明显而引起误会,可以在上面盖一块红布,并不会影响装饰的美观效果。

3.大门正对或侧对电梯。

时下流行的电梯大厦,常常是双电梯或是一层多间小套房的设计,因为户数较多,有时难免刚好会形成大门正对或侧对电梯的形势,产生风水上不好的影响。毕竟电梯是公用的出入口,人来人往的容易把秽气带到房子前面,容易对住户造成影响,甚至身体不好的结果。

以科学的角度来看,不仅很多人从家门口经过,而且有时还有宠物进进出出的,难免会有病菌传染,如果一踏出电梯就来到自家门口,便将病菌直接带到家里面,对身体健康当然会造成影响。改善的方法是,在门眉的地方钉上一块红布来遮挡,或是挂上凸面镜来化解。

至于侧对电梯的问题,同样可以挂上凸面镜来化解,但要注意须将镜面对准切缝的部分。

4.大门面对出口门。

大楼为了住户的安全,一定会设置出口门。一般家庭若是大门面对出口门,使得灌入的风比较强,不利于家人健康,对财运亦不佳。再加上出口门的设计,多半比一般的大门来得大,使得有种被压制的感觉。化解的方式是在自家门口悬挂红布或凸面镜。

内大门质料不拘束,任何材质都可以,只重颜色。内大门之色忌暗色,内大门背不可挂图,色以银色为佳。另外,大门面向草木青翠最吉,不可面向枯草。

五、好风水大门实例

"大门者，气口也。气之口正，顺纳财气，利人物出入。"由此可见，大门风水的好坏对居者的运势可以产生极大的影响。而大门风水又决定于门的大小、颜色、方位等各方面的因素。让我们通过欣赏这些风水好的大门案例，再联系自己和住家的实际情况来设计、安装、改造出一扇能为家人带来好运气的"福门"。

风水 小贴士

大门是家给人的第一印象,所以大门的设计应该要大大方方,整齐清洁;大门口的光线要明亮充足,门口旁不要堆积过多的杂物垃圾,以免阻碍空气流通,进而影响气运。

风水小贴士

风水学上说，居住的房子不宜位于路冲上。如果自己的住家正好面对路冲，可以在自家屋前种植树木来化解。

风水小贴士

大门前的空间必须宽广开阔，例如，传统建筑物三合院，就是属于前庭宽广开阔的建筑物。前庭宽广开阔，光线自然充足，光线充足后气流自然顺畅。反之，如果没有宽广的明堂，或是明堂采光不佳，气运无法流畅，就容易产生风水上的问题。

风水小贴士

外大门之方向绝不可顺水流，且外大门颜色忌用深蓝。外大门、内大门、屋内门等不可成一直线。外大门宜安放在龙（左）边为佳，除非龙边有煞气，才可安在白虎方（右）。

第二章 走廊（楼梯）风水

走廊一般被视为无关紧要的地方，但在家相学里，走廊是攸关社会地位、信用的重要部分。走廊宽度必须有1.9米以上，而且加栏杆，有屋顶，并有数根支柱支撑，这就是"突"。此情形，无论在任何方位均为吉相，倘若主人的十二支出生星跟走廊的位置重叠，那么吉相更为加强，社会地位、信用均增强，自然有助于好运提升。

楼梯在现代建筑中承载着重要的角色，是不可缺少的住宅构件，其布局与装饰影响着居家整体风格的美观与否。

一、走廊

1. 走廊的平面位置

走廊在家相上很难变成吉相，但在东、东南、南、西南走廊，基于通风、遮光面而言，也可能成为吉相。

除此之外的方位则很难变成吉相，最不好的是走廊把房子分隔为二。

如果只考虑人走动时的动线，那走廊改造的重点是不要超过房子长度的2/3。

2.走廊要光亮

一些面积稍大的单位,房间与房间之间多会形成一条小走廊,当然面积更大的,走廊就会更大更长。

一般大厦内屋外走廊便是电梯大堂。门外走廊要光亮,故24小时必须有灯亮着,现今大部分大厦都装有灯,不需要自己动手安装。但这些灯如果坏了而大厦管理人员仍迟迟未修理,那自己也得想办法赶快把它修理好,因为门前走廊太阴暗,给生活带来诸多不便外,也不利于家人的工作运。

屋内走廊同样要光亮,不可太阴暗,否则,不利于家人的运气。

3.走廊吊顶宜做成假天花

一般来说,小走廊可做假天花板,但不做也不会有什么不利影响。

不过,小走廊内出现横梁,便必须做假天花来化解。否则,有碍观瞻,也会使人心理有压迫感,家人工作必然出现阻力,做事不顺利等。

4.走廊天花柜不可摆放利器

因为现今是寸金尺土的时代,大家为了尽量利用家居中的每一寸空间,于是便想到了在屋内小走廊做假天花板,在天花板上开一个柜的位置,天花板自然就变成了一个储物柜。

在储物柜内摆放一般物件,如衣服、棉被等是不成问题,但却不宜摆放利器,以免出现不必要的伤害。

5.走廊灯光不宜五颜六色

有一住宅在走廊天花板上安装了五盏光管,斜斜地排列着,并且光管还有紫色、蓝色、绿色等缤纷色彩,然后在光管下又安装了一块透明玻璃,当人站在小走廊内向天花板望时,有如五把箭扣在天花板上,给人很悬的感觉,这便会造成家人的情绪不安稳。所以,最好改用其他灯饰或只用一两支光管,虽简单但却大方。

走廊是住宅内的通道,而走廊的形式大致有下列几种,即两侧有房间、面临庭院、在房间前面的走廊,还有通到别栋或厕所、浴室的走廊。走廊不要设计得太长,要尽量短才好。因为走廊占的面积太大,就会影响房间,因此很不经济。

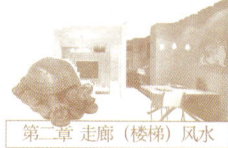
第二章 走廊（楼梯）风水

人居两旺之居家风水

二、楼梯

　　以住宅之角度而言，楼梯为重要之"气口"，因此，安排上必须尽量位于旺方。本宅楼梯下半段位于坎方，为八白生气之星，再好不过。

　　楼梯不宜设在住宅的中央部分。目前许多仿效欧美装潢的楼中楼建筑，常将螺旋式阶梯设在住家中央，其实那是不利的设置；商业大楼电梯位在大楼正中央也不是吉相。

　　楼梯是现代建筑不可缺少的住宅构件。有阶梯的人行楼梯形如锯齿，是一种带煞气的房屋构件，因此住宅内部布局时必须予以高度重视。

　　首先，楼梯上楼时的行走方向应与宇宙螺旋场的运行相一致，以顺时针方向为宜；楼梯上下需要大小相同。

　　其次，楼梯宜隐蔽，不宜一进门就看见楼梯。

　　其三，楼梯口及楼梯角不可正对卧房、厨房门，特别是不宜正对新婚夫妇的新房门。

　　其四，楼梯的转台或最后一级不能压在房屋的几何中心点。

　　其五，楼梯最好位于玄空挨星向盘飞星的生旺方。

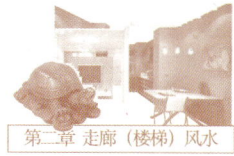

第二章 走廊（楼梯）风水

人居两旺之居家风水

三、好风水走廊（楼梯）实例

走廊不仅是宅内的通道，还是连接各个空间的经脉，是气在房屋内流动的通道；楼梯则是连接上下部分的中介，是气上升下沉的桥梁，因此这两处的风水也很重要。这些通道关系着居所内的气通畅、洁净与否，它们的位置和装饰能通过给人不同的心理感受而影响人的情绪甚至运势。

风水小贴士

走廊的宽度通常为90厘米，但是，如果两人同时过就稍嫌过窄，因此，要宽一点，一般是1.3米。居家不宜像宾馆、饭店一样一条长廊连着数个房间。

风水小贴士

屋内如有走廊，浴厕只宜设在走廊边上，不可设在尽头，屋中的走廊不可刚好形成"回"字形。

风水小贴士

走廊过小，要到其他房间时，必须经过他人的房间而打扰人。为了要空出一条近路，房间里的布置、陈设也要有所改变，这样，就会使房间的用途减少一半。

风水 小贴士

楼梯口在南方，运气并不坏，如果靠近大门，而使大门的采光过于明亮反而不好。使用反射性的大门材料，受到夏天阳光的照射，就会像镜子一般，强烈的反射光，会使眼睛看不清楚，因此，下楼梯反而很危险。幼儿总是向明亮处去，有强光的楼梯，很容易使小孩从楼梯上摔下来。

风水 小贴士

北方位的大门有楼梯的话，冬天的风会吹到二楼，这是不利的现象，会影响二楼的暖气效果。因为寒风的关系，所以容易感冒，而支气管、喉咙也会受到影响。呼吸器官的障碍，会影响体力，故做事没有精神，半途而废，也可能会患泌尿系统疾病。

风水小贴士

面临庭院、房间前面的走廊，通常都是设置在东、东南方而向着西南方，才是吉相，因为这样才能享受阳光和新鲜的空气，因此，卫生方面也很好。

第三章 玄关风水

玄关为甫入大门的第一个空间，有如人的喉舌，其重要性是不容忽视的。家居有必要设置玄关缓和大门内外两种不同的气场，增添福气。

一、玄关在住宅中的方位

根据住宅秘传集，玄关在正门旁边偏左或偏右为吉。

如果玄关与住宅正门成一直线，外面过往的人便很容易就能窥探到屋内的一切，所以住宅正门入口宜设在稍偏左或偏右的位置，不要与玄关成一直线，以保持屋内的隐密性。

我国古代的建筑大都设有玄关，不仅可用来摆放鞋子，还可以当作临时接待室。现代人口密度大，建地狭小，住宅大都只设正门，不另设玄关。正门的门扉不要设置成往外拉开的方式，因这种门扉的锁容易被拆掉，设置由外往内开的门会不容易被破坏。

至于玄关材质选用方面，最好用不透明的材质来间隔，因为风水上讲

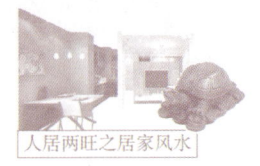

究"藏风纳气"，只要能达到让风回旋的效果，也可以达到化煞的效果。要注意是玄关的大小和高度需和门的大小、宽窄相当，如此才能发挥足够的效果。以科学观点来看，玄关能阻挡长驱直入的风势，能发挥相当程度的保暖效果。

玄关的颜色以轻淡明亮的颜色最适宜，如白色、淡蓝色、淡绿色、粉红色等，这些颜色象征着希望和热情，避免玄关有阴暗之感。

二、哪些屋不宜设玄关

有些住宅是不宜设玄关的，比如面积细小的单位，设玄关只会令住宅空间减少，显得更拥挤。凡住宅风水，宅内空间太小，便不利于家人的运气。

三、玄关不宜太狭窄

玄关作为入门的第一个空间，其重要性不能忽视。玄关虽然是一个小空间，但也不能太过狭窄，要稍为宽阔，让人有一种舒适的感觉。一般来说，以0.37平方米为基本需要，若然房屋超过100平方米者，玄关的空间理应再加阔些。

四、玄关不宜镜照门

很多人在出外时，喜欢照照镜子，看看自己的衣履是否整齐，所以为了方便，就会在玄关做一面大镜子，这便是镜子照门。镜子照门会给家人带来不利影响，所以大家打算在玄关安装大镜时，最好是安在门的侧边，避免照门。

五、玄关顶不宜有横梁

玄关顶部不宜有横梁，如果玄关的顶部有横梁，可请装修工人做一个假天花，以遮横梁，使煞气消失于无形，当然，不要忘了安灯，以增加阳气来去除阴气。

六、玄关宜光线充足

玄关为入门的小空间,必须阳气充足,切不宜充盈阴气。何谓属阳?何谓属阴?光线便属于阴。玄关必须装置照明灯,日常应让其长期亮着,称为长明灯,以增阳气之用。

玄关阳气强,家人的日常心情就会愉快,工作亦顺利,相反,如果玄关整天黑黑暗暗,阴阴沉沉,家人心情自然也快乐不起来。

七、玄关宜整洁

虽然玄关多是甫入屋内时除掉鞋子、摆放雨伞或挂帽子的地方。但也要保持整洁。因为鞋子布满细菌,故不宜摆放得太高,只宜摆放在鞋柜内或摆放在鞋架上。

玄关更不宜摆放太多杂物,如玩具、废纸等,一些没有用而舍不得丢去的东西尽量少放,否则,会影响家人的健康。

八、玄关鞋柜宜忌

家居玄关处一般都设有鞋柜,原则上,鞋柜的高度不宜超过房屋空间高度的三分之一。因为从风水上来说,上为"天才",中为"人才",下为"地才"。鞋子是保护脚部的物品,故属于地。如果鞋柜的高度必需超过房子高度的三分之一时,只要"天才、人才"的柜位不摆放曾经穿过的鞋子便不成问题。还有鞋柜的上半截摆放未穿过的鞋子亦可,因为只有穿过的鞋子才带有地气,所以鞋柜只宜放在"地才"之位。另从科学上而论,旧鞋子所藏的细菌无数,切不宜摆放在屋内稍高的位置,否则空间弥漫细菌,家人焉能不病?

鞋柜的方位一般适宜设于屋内右面白虎方。

九、玄关饰物要留意

如果希望在玄关摆放饰物或在玻璃隔间镜子上印制图案,以下的方位是各有避忌的,现列出供大家参考研究:

玄关在北方,不宜用马的图案或饰物。

玄关在东北,不宜用羊的图案或饰物。

玄关在西南,不宜用虎的图案或饰物(一般人的住宅都不宜用虎的图案,当官者、政界者除外,即便是碰巧玄关在西南者也不宜用)。

玄关在西方,不宜用兔的图案或饰物。

玄关在西北,不宜用龙的图案或饰物。

大门与客厅之间应设玄关,风水上有讲"喜回旋,忌直冲"。大门与客厅设置玄关或矮柜遮挡,使内外有所缓冲,理气得以回旋后聚集于客厅,住宅内部也得到隐蔽,外边不易窥探,象征福气绵延。

第三章 玄关风水

人居两旺之居家风水

十、好风水玄关实例

玄关是人们进入居所后看到的第一个部分,是从大门进入客厅的缓冲区域。它的位置相当于人体中的脖颈,它的作用就相当于咽喉对人体的重要性。玄关不仅让地气进入到室内,更使流动的气形成折位,出现弯曲,造成缓冲,使气流成为"有情"之气,因此它的布置好坏可直接影响住宅的风水。此外,因之首当其冲的位置,为给客人一个良好的第一印象,此处的布置也应别出心裁,如何把装饰与风水结合得恰到好处?您不妨参照下面这些玄关的设计。

风水小贴士

玄关的设置。进门处的鞋踏要放在门外,若放在门内,等于带进屋外秽气,影响运势的发展。玄关的作用在于成为大门与客厅之间的屏障,因为大部分住宅一进门就是客厅,可一进门就将客厅全景看遍是不好的。玄关不须太大,但它是住宅的门面,因此它的形象很重要。通常会摆个可以隔至天花板的柜子。若是空间不是很大,可以做半高矮柜,上面再摆一些盆景,或是上半部做一个单片百叶,这样的玄关才可以成为屏障。

风水 小贴士

在长而狭的玄关与弯曲的走廊处用镜子,可以减缓快速移动的气,并转向房屋的其他部分,同时使弯位与角落之气的路径畅顺。

风水小贴士

天花板宜高不宜低。玄关顶上的天花板若是太低，会具有压迫感，这在风水上属于不吉之兆；天花板高，则玄关空气流通较为舒畅，对住宅的气运也大有裨益。

风水小贴士

玄关顶上天花板的颜色不宜太深。如果天花板的颜色比地板深，这便形成上重下轻、天翻地覆的格局，象征这家人长幼失序、上下不睦；而天花板的颜色较地板的颜色浅，上轻下重，这才是正常之相。

风水小贴士

玄关顶上的灯饰排列，宜圆方却不宜三角形。有人喜欢把数盏筒灯或射灯安装在玄关顶上来照明，这是不错的布置。但如把三盏灯布成三角形，那便会弄巧成拙，形成"三支倒插香"的局面，对家居很不利。倘若排列成方形或圆形，则不成问题。因圆形象征团圆，而方形则象征方正平稳。

风水小贴士

玄关若不以墙来作间隔，用低柜来代替也可以，其上选择玻璃或通透的木架来装饰。低柜可用作鞋柜或杂物柜，上面则可镶磨砂玻璃，这样既美观实用又符合下实上虚之道。必须注意的是，玻璃不同镜子，会反射的镜子通常不可面向大门，但磨砂玻璃则无此顾虑。

第四章 客厅风水

一般住宅进门之后，首先接触到的就是客厅。客厅是居家生活和社交宴客的主要活动场所。所以布置客厅好风水可为全家带来幸福。客厅也是增进人生八大欲求的最佳房间，因为每一个人都会使用到客厅，良好的客厅风水会使每个家庭成员受惠。

客厅为住宅十分重要的区域，对内为家人休闲之处，对外为客人来访停留之处所。而客厅之大门更为住宅三要之首，为一宅纳气之所系。除此之外，客厅的摆设亦决定着住宅的兴旺，所以轻忽不得。

大门：观本宅之飞星图，若开门选择龙边，则开门于离方，离方为九紫右弼星飞临，因此，大门之方位非坤方莫属。

电视柜：以住宅而言，电视所的摆设方位十分重要，因其使用频率高，且开机时能量较大，为动态物品，所以应尽量摆设于旺方。

一、客厅的位置

　　客厅是给客人第一印象的地方，也是全家人的活动中心，房子面积比较小的，还兼做餐厅和书房或做家事的地方。客厅的位置以在房子的中间位置最好，中央是屋宅的中心位，客厅设在此代表房子的心脏，心脏设在此位，坐在客厅里，能够顾及客人来访，视线四面八方都可以到过，而如果客厅位置偏到不方便的地方，则让人感觉家里的生活不规则，没有秩序。

　　客厅的南面要有阳台，才能采光和通风。天花板的颜色，无论用壁纸还是粉漆，均以素色为宜，并以间接照明较理想。若是在客厅摆设书桌，可以在书桌上放置直接照明的电灯或日光灯。

第四章 客厅风水

人居两旺之居家风水

住家不管朝向哪一个方位,只要在东方向阳的一面有窗,就是好的向宅。

东方是生气方位,自古有"紫气东来"的说法。紫气就是祥瑞之气。房子东边有窗,可吸纳祥瑞之气,使家运生生不息,对家人的健康和运气都有助益。

第四章 客厅风水

二、大厅摆设物

1. 植物

人们喜欢用植物摆设在厅堂中美化家居，植物在室内的作用除了可以调节小气候，减少二氧化碳，增加氧气，还可以吸毒、吸尘、吸收放射性物质和电离辐射以及净化空气与抑制噪音等。植物与风水关系密切，很多风水古籍都有提及"凡树木向宅吉，背宅凶"，可知传统的风水学认为植物对家宅的风水甚有影响。作为风水之用的室内植物可分两大类，一是用作"生旺"的常绿植物，一是用作"化煞"的仙人掌类植物。

其中一个主要原则是，在旺位放置大叶的常绿植物，在不利的方位放置仙人掌有刺类植物；其他方位则可放置任何植物均无多大影响。

在旺位摆放一些厚叶或大叶的常绿植物便可有生旺之效，增加家宅的财气，例如，铁树、万年青等常绿植物就甚为理想。高大浓密的常绿植物还有助于消弭那些由于客厅墙体不规则而形成的尖角所带来的不适观感。

除了以上提及的植物外，其余如宽叶榕、散尾葵、虎尾蓝、富贵竹等也有生旺之效。《住宅大全》上记载"住宅四畔竹木青翠，运财"。总言之，竹是观赏及风水均甚适宜的植物，若是旺位挂上竹画亦可。此外，挂牡丹画也可当旺，牡丹有富贵花之称，在当旺的方位挂上富贵花，可说是锦上添花。

在不利方位摆放的刺类植物，还有龙骨、玉麒麟和仙人掌等，玫瑰及棘杜鹃亦属此类，这些植物适宜摆放在不利家宅的方位。

风水小贴士

客厅不仅是待客的地方，也是家人团聚的场所，宜设在房子中央的位置。若因客厅宽敞而隔出一部分为卧房，则是最不理想的客厅。

第四章 客厅风水

人居两旺之居家风水

第四章 客厅风水

人居两旺之居家风水

第四章 客厅风水

2.鱼缸

养鱼是一种相当健康的嗜好,在厅中饲养一缸金鱼,不仅为家居增添生气,还为家人带来愉悦的好心情。在风水学上,水,尤其是流水,是能够催动其所在方位的气场。不同的派别有不同的用法,但总体上是以鱼的数目、颜色、品种等入手,例如,以鱼的数目来配卦,用鱼的颜色代表某些五行。其实,单就鱼的品种即可有此效。

龙吐珠,鱼属于凶猛性动物,一般都用它来向着煞方,对财运的增强具有相当的效力。黑色的金鱼,有黑摩利、黑牡丹等;七彩神仙、锦鲤、金鱼等色彩鲜艳、脾性温和的品种也较为常用。

第四章 客厅风水

3.挂画

挂画也是客厅常见的装饰品之一，如果是动物的画像，如一马当先等骏马图，马头要向仙方，才能将奔腾的运势及财运带入家中。其他如老虎，或别的猛兽和刀剑等图画，因为太过凶恶和尖锐，最好不要摆设，如果非挂不可，图中之虎必须是上山回首的姿态，切忌下山坡逡巡，否则不宜。但猛禽类或动作派若能布置成对外防守之姿，则可以镇家宅；反之，若摆设成家内探首，则不宜。另外，像大船入港图，船头要向内，才会带来财运；夫妻恩爱照片、裸女、春宫图等阴性照片不宜挂在客厅，除了特殊日子的用途外，其他日子最好不要悬挂。

风水上认为适宜挂在厅中的吉祥类图画有：九鱼图——绘有九条活鱼的图画，"九"取长长久久之意，"鱼"指万事如意，寓意吉祥；三羊图——绘有三只羊的图画，"三羊开泰"，"羊"即阳气，"泰"意即招来吉利，能带来好运的意思。

还有"百鸟朝凤""青蛙戏水""猴王献瑞""百骏图"以及柔和的风景画，如日出、湖光山色、牡丹等图画，它们可给人松弛、舒适的感觉。另外，一些仙、佛等图像的画亦可，但神像的容颜要亲切，表情祥和方为上选。

前面提及图画内容为猛兽、刀剑或属阴性的照片均不宜挂在客厅，还有瀑布之类的图画亦不适宜挂，超过一幅的人物抽象画、已故亲人的大头画像和过多红色的画像等都不宜挂在客厅。除此之外，如果颜色太深或黑色过多的图画最好也不要挂，因为这种画看上去令人有沉重之感，使人意志消沉、悲观，做事缺乏冲劲。

第四章 客厅风水

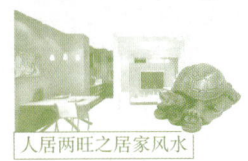
人居两旺之居家风水

4. 时钟

很多家庭都喜欢在大厅的一隅悬挂或摆设一个时钟。其实，时钟是一种家中必备又不太昂贵的很好的装饰工具。物品虽好，但却不能随便摆放，因为时钟的形状必须配合各人的五行才好。还需要注意的是，时钟的形状不宜出现锐角。风水上有锐角是不好的象征，所以选择圆角，或高于45°的角会比较好。

风水小贴士

客厅的格局最好是正方形或长方形，沙发上不可压梁。如果有突出的屋角，可摆设盆景或家具化解。如果客厅呈L形，可用家具将之隔成两个方形区域，视为两个独立的房间。例如，可将一个区域当成会客室，另一个区域当成客厅，或是在墙壁挂一面镜子，象征性的补足缺角，然后当成完整的房间来决定中心点。

人居两旺之居家风水

5.花瓶

花瓶的"瓶"字与"平安"的"平"字音相同,所以,在家中摆放花瓶是希望家人平安、健康,不过需要注意的是花瓶摆放的方位有讲究。

家居利用花瓶来装饰,其形状的选择,最好是配合主人的五行所属来选取。如下图:

土　水　木　金　火

小贴士

客厅的摆设主要是看居住者的生活方式和审美观而定。任何风水吉祥物的摆设都要依据人生八大欲求及个人本命卦的方位。

6.屏风

屏风作为家居客厅里的一件优雅装饰品,在美化家居的同时也可用来改变风水格局,是中式风格家居装饰中较为流行的摆设。屏风具有灵活变动的物性,可改变房子里气的多寡和流动的方向,具活化气场的作用。若是窗户过大,使用布面的屏风,可隔绝部分光源、减缓气的流动。若是使用实面的屏风,则可改变气流的方向。如果大门开的方位不太好,又不能改变大门的方向时,可在大门入口处放一屏风而形成一个玄关的格局,就可让气口转折成旺向,接纳到旺气。

屏风是家中财气的守护关卡,想要留住家中财运,厅堂内须注意藏风养气,这时屏风就有助于家宅的"藏风聚气"。

色彩可以开运,有色彩的屏风是改善财运风水的一个简易方法。运用屏风的颜色来搭配住家各方位的五行属性可旺财气。具体如下表:

方位	五行所属	适宜颜色	祈求运数
西北方、西方	金	白色	有利家中的贵人运和财运
东南方、东方	木	绿色	有利家运昌旺与家人健康
北方	水	天蓝色、海蓝色	可用来改善财运,加强男主人的事业运
南方	火	玫瑰色、薰衣草色	能带来名利双收的好运
东北方、西南方	土	琥珀色	有利家中的文昌运

7. 地毯

地毯是改变家居风水最简单的饰品，由于地毯经常覆盖大片面积，在整体效果上占有主导地位，除了利用地毯的花色和图案引进好的气场来提升财气外，对于地毯摆放的方位也要特别讲究。

地毯若采用致密厚实的质地，在冬季能减缓空气的流动，调节室内小气候。地毯的颜色、花样若搭配得宜，会使厅堂产生不同的气场与空间上的变化。同时，也可以运用地毯的色彩使家宅开运。一般的图案都有自己的五行属性，如波浪形状五行属水，直条纹属木，星状、棱椎状图案属火，格子图案属土，圆形属金，配合方位与颜色的放置可带来好运势。

大厅所在方位	开运宜用颜色	开运风水说法
南方	红色	南方属火，因而在此方摆放直条纹或星状图案的红色地毯，可使家人充满干劲，带来名利双收之效。
东方、东南方	绿色	东方与东南方五行属木，绿色是树木的主颜色，有生气勃勃的意义。在此方铺设波浪图案或直条图案的绿色地毯，对家运与财运有正面的催化作用。
西南方、东北方	黄色	西南方、东北方五行属土，黄色在中国代表着尊贵、财富。同时这个方位是主导智慧与婚姻的，若能在此方位放上星状或格子图案的黄地毯，即能带来旺盛的财运，使婚姻和美。
西南方、西北方	白色、金色	白色与金色象征高贵与纯洁，若能在此方位铺放格子图纹或图形的白色或金色地毯，可带来好的贵人运与财运，也可增加小孩的读书运。
北方	蓝色	北方掌管事业，若想找个好工作或想增进事业运，可在客厅的北方放置圆形或波浪圆形的蓝色地毯，有利事业的蓬勃发展。

人居两旺之居家风水

8. 镜子

镜子摆设的方位如果恰当，便能为家居带来好运。镜子在风水上的意义有：

①反射出加倍的能量。镜子在风水上具有能量加倍的功用，可以营造出宽敞的空间感，还可以增添明亮度。但必须让镜子放置在能反映出赏心悦目的影像处，对增加屋内好的能量才有帮助。

②避免摆放在易使人受惊吓地方。镜子有反射空间的能量，也同样有反射人与物品的能量。在风水上，镜子应避免放在人最脆弱或最无意识的地方，以免造成反效果。

③圆形镜和椭圆形镜象征圆满和谐。因此，家中房间的镜子或女主人化妆台镜子的形状最好采用这两种，或是棱角较少、形状较不尖锐的镜子。客厅和餐厅可以放方形镜，方正的格局可加强主人的气势，但最好选用加框的镜子，避免棱角煞气外露。同时，无论是房间或厅堂都最好避免镜子悬挂时有"吊脚"情况的出现（即镜子放置在矮柜或壁龛上比较合适）。

检查客厅正北方位的布置。正北方代表事业运，属水行，喜用色是蓝色或黑色。在这个方位放置属水的物品对居住者的事业运有帮助，例如鱼缸、山水画、水车等，或者放置黑色的金属饰品也可以，因为金能生水。

人居两旺之居家风水

三、好风水客厅实例

客厅风水是住宅风水的"核心",因其位于住家的重要部位,是家人活动和社交待客的重要场所。此处风水旺,可以为全家带来幸福,各方面的运势都能得到提升。在风水学中,客厅的位置、门窗、天花、地板、颜色,甚至摆设都很讲究,每个方位摆不同的饰品能对不同的运势带来好处。太多理论让人不容易接受,下面这些良好风水客厅案例中,各方面的注意事项都会提及,借鉴过来能省不少气力。

风水小贴士

客厅正东方位关系着居住者的健康,在这个区域放置茂盛的植物可促进家人的健康和长寿。属水的物品或山水画也有帮助,因为水可养木。

第五章 餐厅风水

无论是在东方还是西方，餐厅都是充满家庭温馨气息、一家人分享食物的地方。餐厅风水之良莠与否，也影响着一家人的运势与家庭的向心力。一些简单的餐厅风水DIY，可帮助增进全家的财运。

餐厅在方位上，东南方有"辰已黄金水"之说，餐厅位于此，有家运兴盛的吉兆。西南方则因受西南季风的影响，灰尘多，不合养生的原则。

一、餐桌的颜色

现在餐桌的颜色可以说是五彩缤纷，各种色调都有。选择颜色方面，最好配合主人五行以具有生旺作用的为宜。如何配合，现附上简表方便查询：

后天五行	配合色		灰色生旺色	
金	白色	银色	啡色	黄色
木	绿色	青色	黑色	灰色
水	黑色	灰色	白色	银色
火	红色	紫色	绿色	青色
土	啡色	黄色	红色	紫色

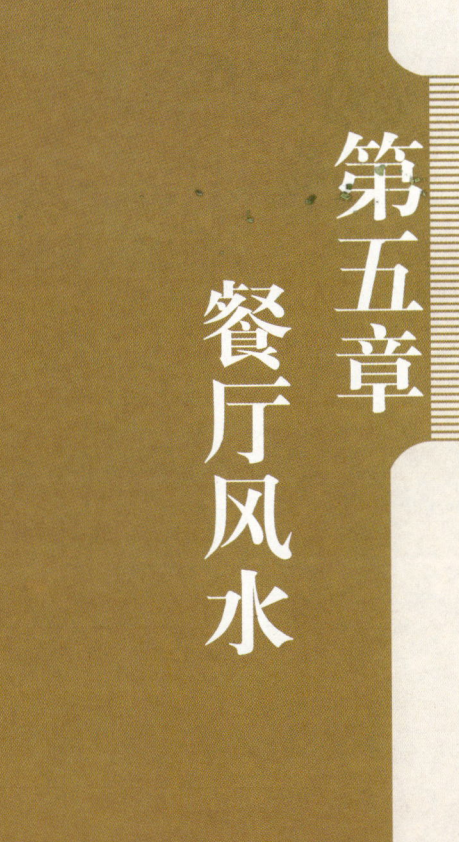

二、餐桌的形状

传统的中国餐桌多以圆形为主，象征一家团圆。此外，也有方形或长形的，但现在的餐桌设计形式可谓千姿百态，就风水学方面来说，三角形以及有锐角的餐桌不宜选用。因为尖角容易引起碰伤，对健康有损。

三、餐桌摆放其他禁忌

餐桌不宜与大门直冲，假如与大门成一直线，站在门外便可以看见一家人的进膳，终究不大雅观。如果无法再在其他位置作选择，就应放上一扇屏风或板墙作为间隔。

餐桌不宜正对神台。

餐桌上方不宜有横梁压顶。

餐桌最重要的是要放在吉方，餐台的摆设，原则上有五个避忌：
①通常在客厅与餐厅之间都有个通道，餐厅不宜摆放在通道上。
②放好餐台后，其座椅上面不宜正对灯饰。因为灯饰位于餐椅的上方，灯光照射下来所散发的热量会让人不舒服。
③不能正对大门。大门是纳气的地方，气流较强。
④不能对厕所。厕所是秽气和阴气聚集的地方，柜台放在对面，不仅影响食欲，也妨碍健康。
⑤不能对厨房。厨房经常有油烟排出，温度又比较高，柜台放在对面，对人的健康不佳，长期下去脾气也会变得暴躁。

还有别忘了不要在柜台附近放太多杂物，把柜台稍稍布置一下，吃饭的气氛定会好很多。

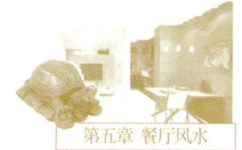

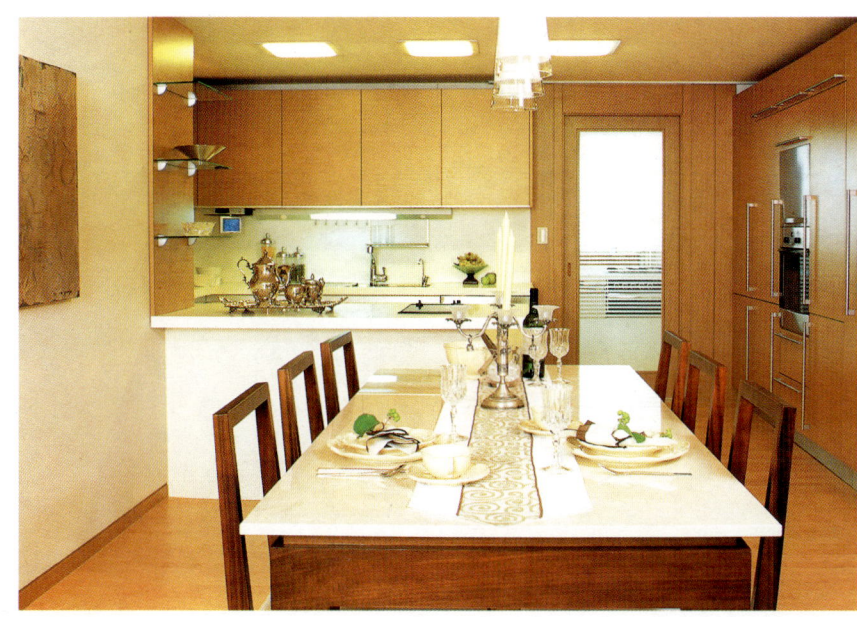

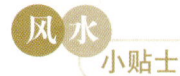

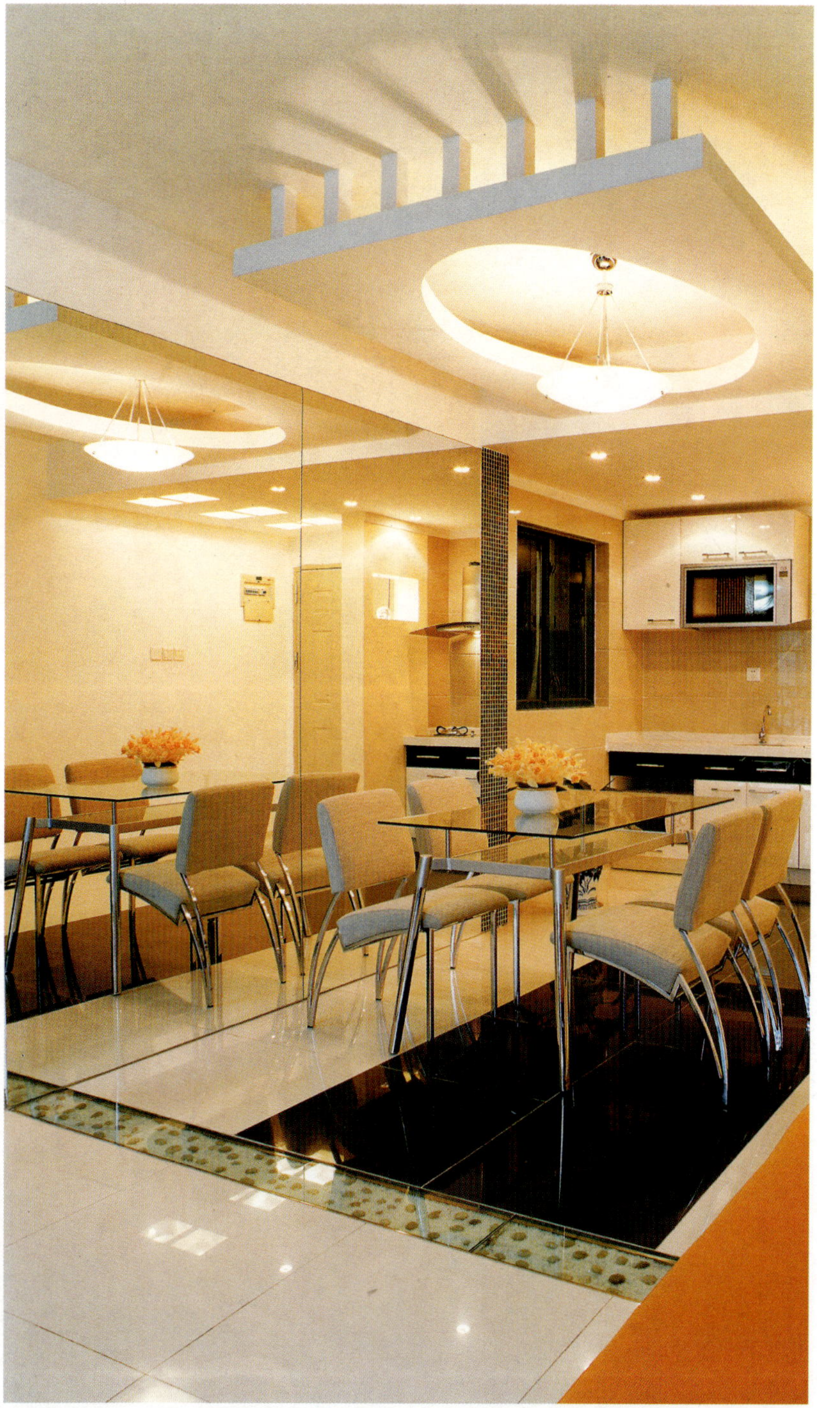

风水小贴士

将餐厅布置成阴阳平衡，但略偏阳的空间。为了增加阳气，祖先画像或古董家具等属阴的物品最好不要摆在餐厅。另一方面，阳气过盛也不宜。

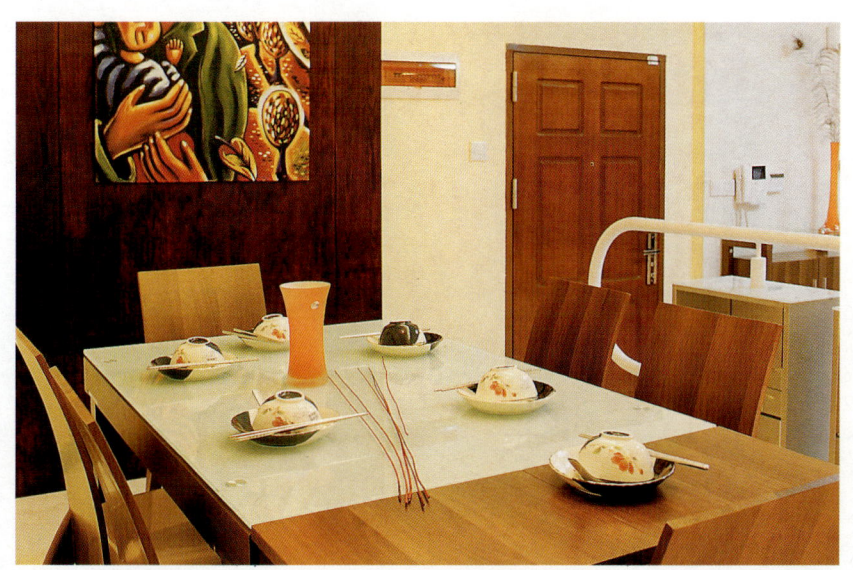

人居两旺之居家风水

第五章 餐厅风水

人居两旺之居家风水

风水小贴士

就风水角度而言,餐厅和其他房间一样,格局要方正,不可有缺角或凸出的角落。长方形或正方形的格局最佳,也最容易装潢。

第五章 餐厅风水

85

人居两旺之居家风水

第五章 餐厅风水

风水小贴士

良好的餐厅风水,可使家庭和乐、身体健康、财源广进。俗话说,家和万事兴,餐厅风水是促进家庭成员和睦相处的关键。良好的餐厅风水不但可凝聚家庭成员的向心力,也有招财的作用。进餐在中国文化是很重要的丁式行为,全家人每天至少要共进一餐,感情才会融洽。

餐厅是全家人吃饭和娱乐的地方,需用亮丽的色彩。禁用黑白二色或灰色,这些颜色会减低用餐之乐,不过,欲减肥时倒可以采用上述两种颜色。

四、好风水餐厅实例

餐厅是家人欢聚一堂、共享美好食物的温馨场所，此处的风水是促进家人和睦相处的关键。好的餐厅风水不但能使家人关系融洽，更能带来财运，正所谓"家和万事兴"。下面的案例将从餐厅的方位、布局、餐桌的摆放等方面向您展示一个好风水餐厅应该具备的条件。

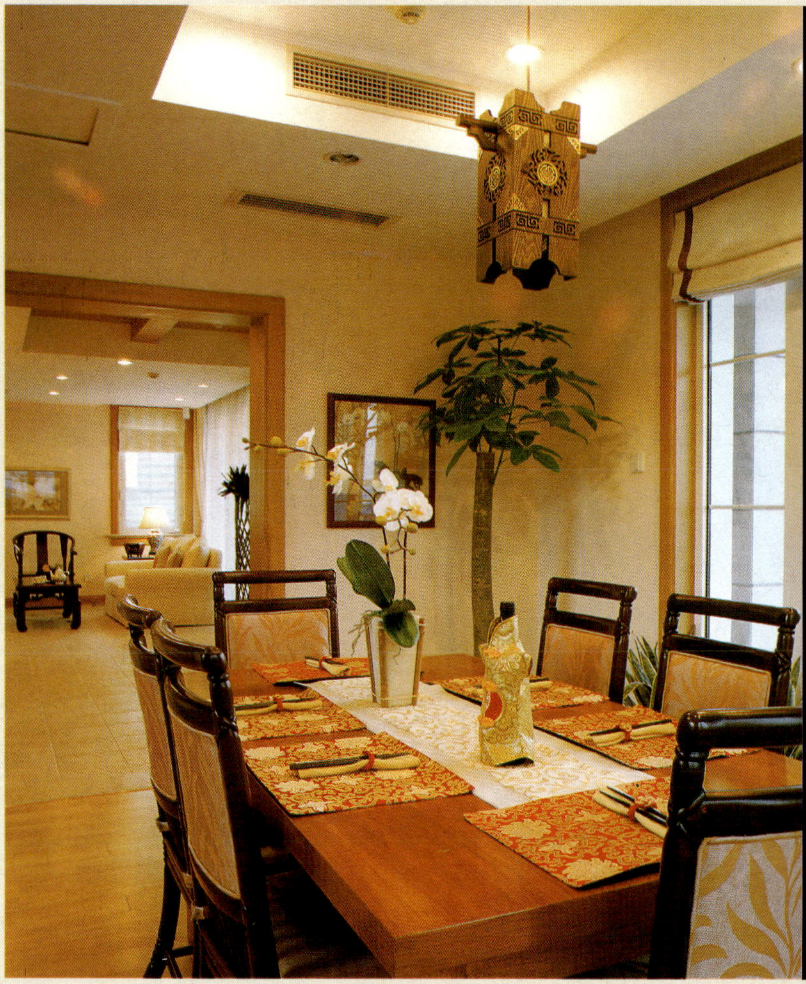

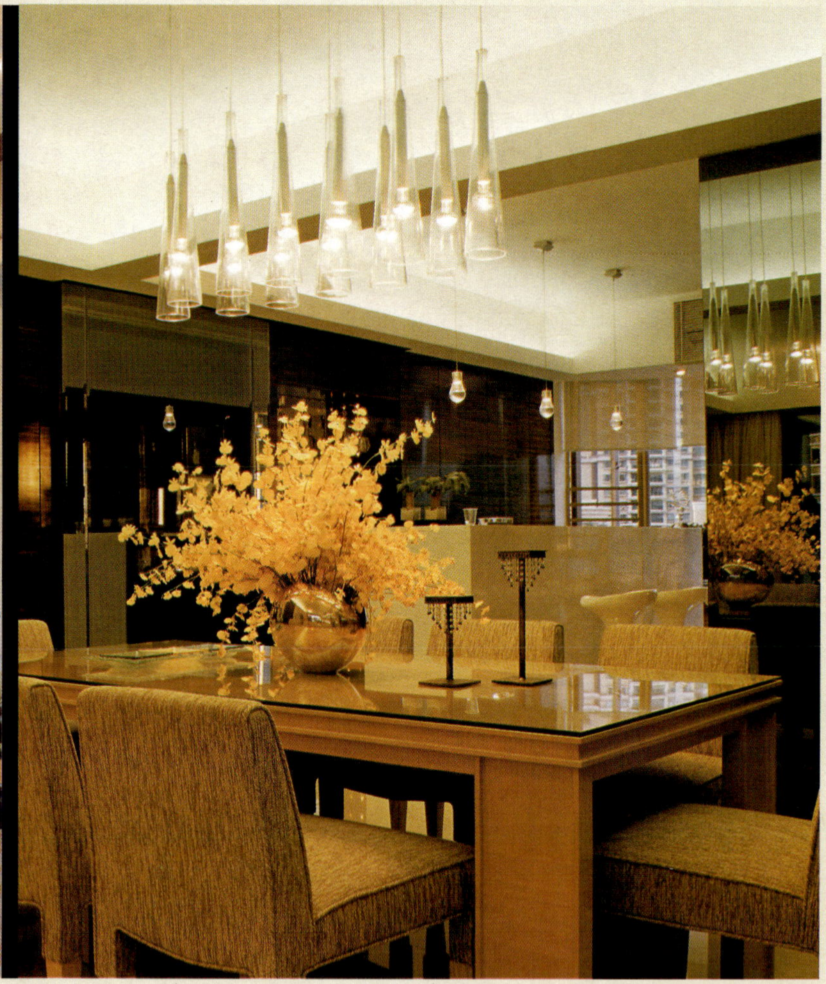

风水小贴士

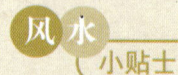

家庭的能量部分来自于进餐的食物。由于餐厅是进食的区域，所以跟家庭的财富大有关系。餐厅应采用亮色的装潢和明亮的照明，以增加火行的能量，蓄积阳气。在此处放置植物更可增强阳气和财富。

第六章 主人房风水

住宅学有所谓"住宅三要门房灶"之说。房间之重要性仅次于大门,其主要关键在于房是个人睡眠、休养生息之所,占去了一天1/3的光阴,长期受房间内部能量作用,直接影响到人的身心健康。

一、主人房的方位

主人房地处方位好坏关系如下。

东方:大好。每天迎着朝阳,能使人精神蓬勃,工作勤奋。

西方:大不宜。面对夕阳无限好的晚景,再加上西照留下的暑气,人的健康情形不佳,容易得心脏病及头痛。

南方:不宜。爱好虚名,重视海市蜃楼的事业,而忽略可贵的家庭生活。

北方:好。但是若房子的防腐、御寒设备不好,则可能引起胃病、痔疾,使身体衰弱。

二、主人房的形状

1. 什么形状的主人房是最理想的

四方形的主人房最佳，它能让躺卧其中的人感到四平八稳，有很深的安全感，睡眠的人可以很轻松，这对健康十分有益。如果因居所的限制，不能使用四方形的设计，则使用长方形设计亦不错。不过，主人房的长度和阔度以差距愈少愈佳。

2. 圆形的主人房好不好

一般家宅都不能将主人房设计成圆形，因为这不仅设计所费的装修工夫较大，而且非常浪费空间，但是往往有一些富裕的追求前卫的人士喜欢建一所圆形的主人房，再摆上一张圆形的大床，使之成为圆内有圆，听起来似乎很有哲学味道。那么，圆形的主人房到底好不好呢？其实这是不适当的。古语有云："天圆地方"。圆形的主人房会令室内休息的人有一种旋转和不踏实的感觉，久居于此，其人便容易出现精神不振、睡眠不足、眩晕等症状。

3. 其他形状的主人房好不好

只要有足够的空间，而又有能力付出足够的金钱，装修商人其实是可以满足客户所有要求的，比如，屋主想要建成一间四方形的主人房，或者建一间圆形的主人房，只要屋主喜欢、肯投资，一切都是可以办到的，其他形状如三角形、五角形、八角形、半圆形等等，但这些形状都对人的健康不利。主人房是养身之所，一切宜静。

4. 房内有柱位好不好

柱位是有尖角的，凡生活的空间内有太多尖角会对人不利。位于中央的柱位，尤其是向着床位的，不宜。位于主人房四角的柱位，其不利影响则轻于中央位置的柱位。若睡床左右两边都有柱位，更不宜。

三、主人房的门口

1. 主人房门口对厨房门口

　　主人房是休息的地方,所以应该是舒适的,如何才能有舒适的效果呢?只要那个环境的气是水火相济的、阴阳平衡的,身处其中的人便会感到舒适,十分健康,宜于睡眠和休息。另一方面,厨房是炊饮煮食的地方,是属火的地点,当厨房门口对着主人房门口时,其烧煮炒菜时的油烟之气便会射入主人房,使人容易染病。

　　此外,因为厨房是处理食物的地方,故难免有很多秽物,放置时间一长就会变质,形成秽气流入主人房中,长期受到这股秽气的污染,便会对身体产生不利的影响。

2. 主人房门口对厕所门口

　　秽气流出厕所,并经主人房门进入休息环境中,很容易让人生病。

3. 主人房门口对杂物室门口

　　杂物室放置了很多杂物,而且一般甚少清洁,所以灰尘较多,也比较易滋生蟑螂或其他小昆虫。这种阴湿秽气对健康不利,其门口对着主人房门口,秽气便会对人产生害处。

四、床的安放

1. 床不可对着房门

床如果直接对着房门，不管是床头对着房门，还是床尾对着房门，或是床身某一部分对着房门，都不宜，而其中以床头或床尾直接对着房门最不利。

2. 床不宜四面无靠

床头空虚固然不宜，但如果连床边和床尾都无靠，四周空虚，便更是不妥。床头空虚时，会缺乏安全感，容易染病；如果睡床四周空虚，睡梦中醒来就有如自己身处一座孤岛，长久下来，会造成心理多疑、猜忌，对身体健康极为不利。若有床如此摆设，最好是将它移向墙边，使床头和一面床边靠向墙壁。

3. 床顶忌灯光直射

睡床不宜摆放在电灯直射之下，特别是直对床头，因为灯光长期照射会产生很大的辐射作用。

4. 床头宜贴着墙壁

床头贴着墙壁，即是把头部靠近墙壁那边睡觉。头部靠墙，稳实，给人以安全感，也有利于运势稳定。

5. 床头不宜空虚

所谓"床头空虚"，即床头之后是空空的一片，什么也没有。床头空虚，潜意识里便会缺乏安全感，以致晚间多梦，睡眠素质降低，日间容易有精神不振，倦怠等情况出现，这亦会间接引致抵抗力下降，因而容易染病。

床头靠墙壁是消除床头悬空的重要方法之一，但并不是唯一方法，也可以在床头安置一个书柜，用作化解空虚。不过要使用高身的，1.6米以上之高度较佳，但最好不要在书柜顶部放置杂物，以免造成心理阴影，影响睡眠质量。

6. 床头忌向开门方

就科学常理来说，床头向着开门方向，如果有人在外面说话谈天，或家人需要进出拿东西，亦会影响睡眠质量。这种情况，它总会令日常生活添不少阻滞。

7. 床头宜斜对着门口

无论如何放置睡床，横放也好，直放也好，床头都应斜对着大门，使人能够在躺下时，可以轻易便能看到门口。这有两个好处：一是从心理上而言，看到门口便能知道有什么人进入或离开自己的房间，因而有一份安全感，尤其在自己半睡半醒警觉性低的时候，知道有什么人进出，便更是重要，即使没有人进出，看见门口亦总是比较安心。二是从气的运行方面而言，斜向门口，可以使自己吸纳自门口进入的新鲜之气。

8. 床头墙壁的背后

我们不能随意将床头靠着任何墙壁，还要清楚墙壁的背后是什么地方。如果墙后是厨房、厕所、杂物室等，则不宜。床头墙壁背后若是厨房的话，而且刚好有一炉灶与床头相贴，那更不宜。

此外，如果床头墙壁的背后是屋外公众走廊，便更改床头位置为妙，因为墙后有很多人走动的话，睡眠的人会很容易受到声音的干扰，或受到他们的情绪干扰。情绪是一种振波，这种精微的振波会在人睡眠或能力较弱的时候，闯入内里，干扰其中的人。

9. 主人房色调要柔和

睡房设计以柔和宁静为好，不宜庄严布局，只宜以轻松舒适为主。故此，老人房要祥和宁静，主人房要柔和温馨，小孩房则要生动活泼。

10. 主人房光线明暗宜适中

睡房内光线必须明暗适中，不宜太亮，亦不宜太暗，明暗配合适当，才会精神充足，身体才会强健少病。

11. 主人房忌杂物过多

睡房空间通常不会太大，所以不宜在睡房内种植盆栽，养鱼或猫狗之类动物，这样容易招致疾病缠身，并引致头昏脑胀、情绪不宁、骨痛头痛及四肢受伤等病症出现。

五、主人房装饰品风水宜忌

1. 镜子

主人房中摆放镜子在风水学方面有很多避忌，不宜随便摆放。镜子的摆放一定要记住一个前提，便是镜子不宜对自己，同时也不宜正对吉利方位。

只因镜子在风水上是主要用来照煞的。所谓的照煞是指悬挂镜子使它对直冲而来的不好之气反射回去。既然镜子在风水上主要是用来照煞的，那自然不适宜正对自己，正对床头也不适宜，因为那样会导致睡眠不宁。

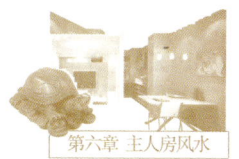

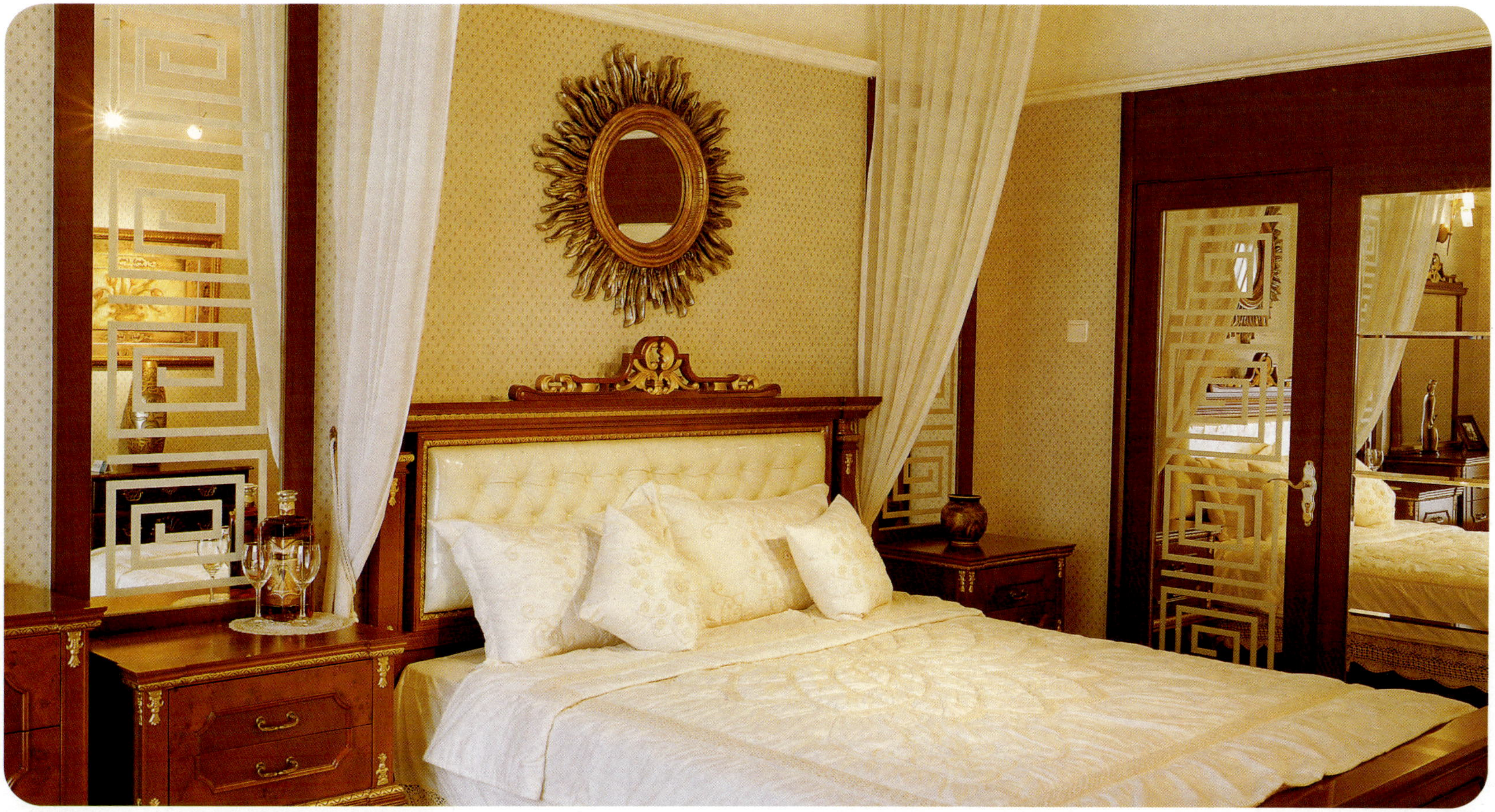

风水小贴士

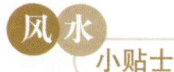

风水理论认为，洗手间五行属水，阴气较重，容易引起腰肾不适。主人房带洗手间，尤其洗手间正对床的住户，为不宜。这是因为洗手间再好，也改变不了其排污的本质，空气质量不佳，沐浴后更产生较多湿气。若洗手间的门正对床，不仅容易使床潮湿，还容易影响主人房的空气质量，时间长了就导致腰疼，更会增加肾脏的排毒负担。这时可在厕所放上几盆泥栽观叶植物，或在床与洗手间门之间加屏风作为遮挡。

人居两旺之居家风水

现在有不少人喜欢用镜片来美化家居，这类镜片种类很多，有厚的亦有薄的，有纯色的亦有磨上花纹图案的，这在风水学上并无多大分别，但有一点需要注意，无论采用哪种镜片来装饰，最好用矮柜摆放在镜片下方便较为理想。

第六章 主人房风水

2. 玻璃

玻璃透明透光，厚度有限，不少人喜欢用它来做间隔之用，一来可使视野无阻，使房间显得宽敞，二来可使光线无阻，令房间更明亮。玻璃虽然具有多种优点，但只因品质较为脆弱，容易碎裂，对有小孩的家庭并不适宜。为了家居安全着想，用玻璃砖来代替玻璃会较为合适。因为玻璃砖既有玻璃的通透和节省空间等优点，品质又较为坚固。无论是玻璃或是玻璃砖，因为反照不强，所以不必像摆放镜子那样多多顾忌，即使正对大门或是床头亦无大碍。

人居两旺之居家风水

　　夫妇的睡房不宜使用大片落地玻璃窗，因为大片玻璃的反射无形中会造成精神紧绷、睡不安稳、噩梦连连，时间久了便可能引发神经衰弱，进而夫妇间就会因小事而发生争执，影响感情。

第六章 主人房风水

3. 衣柜、衣箱

主人房内空间有限，衣柜、衣箱摆在主人房内会造成活动不便，不适宜。

在家相学上，认为在主人房内放衣柜、衣箱会影响起居方便，这种情况是不智的做法。

为了争取时效，现代生活处处以方便为原则，减少时间的浪费，所以现代住宅大部分都把衣柜、化妆台、婴儿摇篮等放在同一室内，为了有效利用空间，放置的地方要尽可能将衣柜、化妆台等排成一列。

4. 桌子与架子

主人房内放置桌子和架子是最平常不过了，桌子可用来吃东西或书写，架子可用来放置物件，但是，由于很多楼房的实用面积较小，要尽量利用每一寸空间，就需花费很大的心思，而且空间不会迁就家具，只有利用家具的摆设来迁就空间，所以很可能在主人房中出现不符合风水原则的桌子及架子，比如太多尖锐形状的造型等，均应避免，主人房内最好以修饰圆滑的边角造型为宜。

5. 水晶

水晶是所有天然矿石中磁场最纯正的，可称之为地球上的"精灵"，与红宝石、蓝宝石、钻石等同为宝石家族的成员，同样具有一定的市场价值。水晶是有极大能量的宝石，任何光或能量透过水晶发散出来，能量都变得无限大，对我们身体、住宅（风水）与运气都有无限大地帮助。

因水晶乃天然矿物，切割后之原石其功能包括有：一可以治病；二可以催动财气增添财运；三可催动文昌星，令学业增进。

而水晶与人体联系最强，其矿物成分是二氧化矽（SiO_2），最易与人体产生交流，调节及修补人体气场，令人体质转佳，故有一定的医疗及治病作用。

水晶是含有放射性的物品，磁场亦强。一条水晶柱，晶体结构上部形成六角形，能量会从柱底不断地作螺旋状上升，绕着六边形直达柱的尖顶。因此，水晶具有吸收、集中及发放电磁的特性，能将方位财气的气场能量

完整地发放到某些人身上，所以柱状水晶物品较为普遍地被风水家所采用。

(1)水晶能治病

白　　晶：不含任何矿物质，只含矽，可治疗肠胃炎、头痛或偏头痛。

粉　　晶：可调频心跳，平衡情绪、血气的运行，有松弛、安眠、均衡血气之效。

金发晶：含二氧化钛（TiO_2），能医治坐骨神经痛、鼻敏感、支气管炎、肺弱等疾病。

玛　　瑙：可治疗皮肤病、祛风、头发稀疏及心脏虚弱等症。

红玛瑙：能治疗便秘、肚泻、经痛、大小肠功能失常等症。

东陵玉：能平衡内分泌及情绪起伏无常等症。

(2)水晶应用于风水

子母水晶：其能量较大，通常是2~3类水晶相连在一起，可以放置在厅中或房中之吉位上。

水晶柱：其形状是一条柱形水晶，但必须配合风水星体及卦位方可采用。此类最宜作催动风水财位或事业人缘之用。

绿幽灵（事业水晶）：主要功能是创造事业财富，招财纳财，催动当运财气，增添财富。绿光是现代经济动脉的光，若想扩展业务，吸引更多的财富因缘，便须用绿色水晶，绿色水晶可强化免疫系统机能，使人自然安详，事业官运蒸蒸日上。

紫水晶（灵性水晶）：主要功能是开发智慧，提高直觉力，助人缘，沉着冷静，促进人际关系、爱情、添丁等喜庆事。与脑波频率接近，有镇定安神、缓和脾气暴躁的效果，还可治失眠。紫色为阴性本质，主宰右脑世界，即直觉与潜意识。经常有脑力的人，特别适宜拥有紫水晶，可以帮助人在思考上达到精神集中，提高脑筋的活力。

粉红晶（爱情水晶）：主要功能是增进姻缘，改善感情，增加爱情、人缘、客缘等。粉红光可改善人际关系，获得人缘，润滑男女间感情，带来好姻缘。

黄水晶（财富水晶）：主要功能是招财进宝、创造意外财富、强化肠胃消化功能，增添财气或积聚财富。与财富联系的宇宙光有两种，一是绿光，一是黄光。黄水晶中的黄光带来偏财运，可创造意想不到的财富。

白水晶（王者水晶）：主要功能是镇宅、去除病气、供佛灵修，可催动文昌及增强事业运，使心灵平静，和谐纯洁，具有集中精神、提高注意力、开启心智、开发潜在能力的作用。多病多波折的人，大多因人体负性能量过多，致使人的元气削弱而得病，从而精神不佳，做事不顺。白水晶的磁场可攻破不良的气流，净化全身，使人负性能量消散，迎来好运的开始。

绿晶柱：主要功能是增强学业及事业运。

水晶球：因其形状为球体，所以主要功能是具有接收作用，可化病及招财。

白晶球：主要功能是可化病除疾。

紫晶球：主要功能是可化是非争端。

紫水晶洞（风水水晶）：主要功能是镇宅、改善屋内风水，聚财。紫水晶洞又称为风

水石，其内部晶柱密集，彼此能量互相振动可凝聚屋内磁场，使人吉祥平安。紫水晶洞本身具有强大的磁场，也具有过滤的功能，固能把比它小的水晶消磁。它的气场源源不断，同时它能调节屋内的温度，保持干燥，除臭，如果把它放在门口，可吸收日月之精华。

粉晶球：主要功能是增加爱情、人缘运。

黄晶球：主要功能是积聚财富。

发晶球（权威水晶）：主要功能是提升胆识，增加果断能力。只要水晶内含有针状、线状的共生物，即发晶，其发丝带动磁场的运作，能令能量加倍提高，如白发晶、茶发晶、黄发晶等。同时发晶可助优柔寡断的人拥有魄力，是想要有担当和期望做大事业者不可缺的水晶。

茶色水晶（墨晶、烟晶）：主要功能是强化人体能量。男性性功能不足或女性妇女病都可运用此水晶的磁场达到强化的作用，增进人体免疫功能，使人体细胞活跃，老化现象的速度减慢，恢复青春的活力，提升反应力，加强分析判断力。

黄元宝：主要功能是积聚财富。

骨干水晶（通灵水晶）：主要功能是禅修、灵修、治病，磁场勇猛超群，强化下半身功能。造型奇特，功能强大，具有超强的净化、治疗能量，能吸收病气，是重病患者希望所在。磁场强大，能量发射方式与白水晶不同，其是往下放射，故与白水晶上白下黑配合使用（如白水晶放在床头，骨干水晶则放床尾），可达到平衡作用。骨干含地、水、火、风四大元素，因此具有强大的治疗净化及通灵的力量。

(3)其他吊挂饰物

水晶手链：可积聚及吸纳财气。

水晶吊坠：可改善人缘、事业及财运。

正财神吊牌：可提升事业及财运。

横财神吊牌：可提升投资及横财运。

和合牌：稳定爱情及夫妻和顺。

姻缘牌：增进感情，增添爱情。

文昌牌：增进学业及工作运。

护身牌：护身及保平安。

人居两旺之居家风水

六、好风水主人房实例

人的一生中有相当多的时间在卧室里度过，主人房是家长居住的房间，主一家之运势。要想把这里布置得浪漫而又适合于休息可不是件简单的事，人们往往为了追求情调而忽视了一些风水宜忌。下面这些案例教您怎样把主人房布置得温馨宜人又符合风水要求，让您拥有一间能睡出好运气和好身体的卧室。

风水小贴士

主人房如果带有阳台或落地窗，会增加睡眠过程中的能量消耗，人容易疲劳、失眠。因为玻璃结构无法保存人体热能，这和露天睡觉易生病是一个道理。科学家通过特殊摄影方法拍摄下人体能量场光谱后也发现，睡在带有阳台的主人房能量场弱于睡在不带阳台的主人房。专家建议：选择不带阳台或落地窗的房间为主人房，或给阳台和落地窗挂厚窗帘遮挡。

第七章 儿童房风水

望子成龙，望女成凤，这是每一位父母的心愿。他们总是希望给子女创造一个安详舒适的睡眠和读书空间，如卧房的布置、书房的布置等，无不讲求尽善尽美。

一、儿童房的方位

儿童房不宜设在房屋中心，因为房屋中心是一屋的重点所在，只适宜用作客厅或主人房，倘若这重点用作儿童房，便有轻重失调之弊，这样非但对宅运有所影响，而且对房中的儿童亦会不利。

二、儿童房的颜色

　　根据儿童心理学家的研究报告，儿童房应该色彩鲜艳，因为儿童生活在这种环境中，会较为活泼愉快。反之，在一间色调深沉的房间里，儿童的情绪便会因此受影响而变得呆滞忧郁。所以，儿童房的颜色配衬，以选用较为鲜艳的色彩为宜，例如橙色、红色、鲜黄色、奶白色、粉蓝色及苹果绿色等。气氛太过严肃而深沉的，如灰色、深蓝色、黑色、深啡色等，均不适宜用作儿童房的主色。

第七章 儿童房风水

若以风水而言，五行不同的儿童各有不同的适宜颜色，不能一概而论，请参考以下简表：

五行	金	木	水	火	土
本色	奶白色	浅绿色	浅蓝色	橙红色	鲜黄色
生旺色	鲜黄色	浅蓝色	奶白色	浅绿色	橙红色

  从上表可以看到，五行不同的儿童，可以有两种颜色选择，选择其中一种或两种作为房间的主色均可。所谓"主色"是指房间的颜色配衬，应以哪种为主，所占比例大约是65％。比如，五行属木的儿童，可选用浅绿色或浅蓝色作为房间的主色。若是以浅绿色为主色，则房间中的色彩有65％是浅绿色，其余的35％可选用其他色彩来衬托。

  儿童房墙壁的涂饰采用墙纸比油漆要合适些，因为墙纸除了拥有缤纷色彩外，上面还印有美丽的图案，如自然景物、卡通、或童话故事中的人物造型等，对儿童来说，甚为吸引，而且还可诱发他们的想象力。

  不过，请注意一点，墙纸的色彩虽多，仍应有主次之分，主色应与儿童的五行配合为宜。

人居两旺之居家风水

为了从小就开始培养儿童的独立能力，父母应该在他们的房中摆放衣柜及书桌，以便及早培养他们照顾自己的衣物，以及在固定地方看书玩耍的习惯。

首先是衣柜。儿童的衣服并不多，再加上因为他们的身高有限，所以儿童房中的衣柜不宜太过高大，太过高大的衣柜，使儿童在使用时常不能自如拿取，而且太高也会对儿童造成压迫感。如果在儿童衣柜的下格腾出空位来收藏玩具，那么无论是对儿童自身还是主妇收拾、清洁房间都是非常方便的设计。

第七章 儿童房风水

　　小孩子是充满生机的，所以实际上任何方位的卧房都不能妨碍他们。但是，想要选择一个较理想的方位，则东方及东南方是最适合他们的。不过这里所说的东方及东南方，有两种意义：一是房间位于家宅内的东南方或东方；二是房间的窗户主要朝着东方或东南方。

　　东方及东南方是日出的位置，特别有利于孩子健康地成长。房间坐这两个位置固然大吉，窗口若同时迎接午前阳光进入，更是生气蓬勃。

人居两旺之居家风水

小孩子房间的窗口应该向着什么风景呢？由于小孩子是充满活力的，所以窗外的风景最好是五彩缤纷的，因为美好的景象，有助于培养他们积极、活泼的做事态度，永远保持活力。见到青翠的山及辽阔的海，可以让孩子产生好奇心，增加他们对宇宙及自然界的兴趣，有利于他们的心智成长。相反，什么景象是不吉利的呢？那就是光秃秃的山，或是一片颓垣败瓦、垃圾填埋区之类，都是对孩子不利的，最好避免。

人居两旺之居家风水

第七章 儿童房风水

　　有些人喜欢在儿童房内多放植物,其实这是不适宜的,原因有两点:一是从风水学的观点来说,儿童是成长中的幼苗,如果把过多植物放在他们的房内,与他们争抢空气,当然会对成长中儿童不利;二是从生理卫生方面来说,植物的花粉可能会刺激儿童幼嫩的皮肤,以及呼吸系统的器官,因而产生过敏反应。还有就是植物的泥土及枝叶容易滋生蚊虫,对儿童的健康自不适宜。

　　请注意,有刺的植物如仙人掌、玫瑰等绝不适宜摆放在儿童房中。这无论在风水方面,或是家居安全方面均是犯了禁忌。

小孩子的房间对他们未来影响相当大，所以最好选择正方形的房间，可以引导孩子堂堂正正、规规矩矩做人。如果房间地面呈三角形，或棱角尖锐的不规则形，将严重影响其人格发展，使人脾气暴躁，性格偏激。

第七章 儿童房风水

　　西北方在风水上称为"天门",有着最尊贵的象征;住宅中这个方位的房间,适合作为一家之主的卧房,男主人可全心全意发展事业,较不会受其他琐碎事的困扰。但住宅西北方的房间不宜作为小孩子的睡房,此方房间容易导致小孩子过分早熟、欠缺活力、倾向自闭的性格。

三、儿童房的禁忌

多年来的室内设计操作经验显示，很多人在儿童房的装修装饰上往往弄巧成拙，现列举以往有关儿童房禁忌的说法如下：

1．小孩卧房墙壁不可张贴太花俏的壁纸，奇形怪状的动物画像，武士、战斗士之图；墙壁不可漆粉红色。
2．小孩卧房天花板以乳白色为佳，不宜为暗色。
3．小孩卧房天花板应平坦为佳。
4．小孩卧房天花板不可悬吊各种奇怪饰物，可装饰纵横木条。
5．小孩卧房地板不可铺深红色地毡和长毛地毡。
6．小孩卧房窗户颜色忌粉色、大红色和深黑色。
7．小孩卧房门不可与厕所门正对。
8．小孩卧房不可设在阳台底下。
9．小孩卧房不可设在机器房旁边。
10．小孩卧房应尽量整齐清洁。
11．小孩卧房光线应明亮，不可昏暗。
12．小孩卧房不可悬挂太多风铃。
13．小孩卧房进门处不可有镜子门。
14．小孩卧房虽小，但不可装潢太复杂，使空间看起来宽大为好。
15．小孩卧房中的洋娃娃不要关锁起来。
16．小孩床位不可睡在梁下或坐在梁下。
17．小孩床位不可在阳台上（即扩建后，小孩床位全部或一部分位于阳台上）。
18．小孩床位、书桌不可在厨房灶台、厕所上下。
19．小孩床位、书桌右方及床头处不可有马达转动。
20．小孩床位脚部不可正对门和马桶。
21．小孩床位头部不正对或左右对房门。
22．小孩床头上不可有冷气、抽风机在转动。
23．小孩床头、书桌坐位不可靠在厕所马桶前后。
24．小孩床位、书桌不可在水塔之下。
25．小孩床头、书桌上不可放录音机（如有必要，则最宜放于龙边）。
26．小孩书桌背后及左右不可冲门，特别是厕所浴室门。
27．小孩书桌不可面向厕所或背靠厕所浴室。
28．小孩书桌若面向窗户，阳光不可太强，最好不要坐靠阳台的落地窗。
29．小孩书桌前最好不要有高堆物压迫。
30．小孩书桌不可正向屋外屋、电杆、尖壁角、或屋外巷道、路冲或水塔。

儿童房在黎明时能暴露于具有能量的阳光中是最理想的。可将儿童房设计在东或东南方位。西方于下午会接受阳光，也是有利的，尤其适合有适度活泼倾向的孩子。

四、好风水儿童房实例

儿童房是孩子成长开始的地方，其颜色、布置等因素对孩子的成长影响很大。入学后，儿童房也许还要增加一个学习区域，因此这里将成为睡眠、学习两用房间。天下父母莫不希望为孩子提供一个良好的学习、生活环境，下面的案例便可作为良好风水儿童房的参考，向您演示每一处细节的宜忌。

风水小贴士

东方的气能是刺激与活跃的，代表了上升的太阳，象征着未来。然而要达致安睡也存有一个问题，因为东方的气能太活跃，所以要有步骤地平服之才行。

第八章 老人房风水

俗话说:"家有一老,如有一宝"。老人丰富的人生经验,是全家无价之瑰宝,老人能够安心享福,也代表全家人的福泽深厚。

一、老人房的挑选

睡在磁场里。当在挑选住宅楼的时候,最好能随身携带一个指南针,量一下住宅楼和套宅的方向,尽量挑选正南北向或正东西向的住宅,因为在这样的住宅里,老人的睡床方向必也是接近正南北或正东西的。我们知道,地球上密布南北走向的磁力线,人体是一个小宇宙,也存在一个磁场。头和脚就是南北两极,人在睡眠的时候,最好能采取南北向,这样的话,正好和地球磁力线同向,能使人在睡眠状态中重新调整由于一天劳累而变得混乱的磁场,对身体健康极有好处。如果住在方向不正的套宅,磁力线必是斜向老人的身体,虽然不见得有什么大碍,但总不及前者来得好。

二、老人房的位置

老人卧房设于住宅南方或东南方，地位隐蔽，较不会有不方便的情形发生，而且日光对老年人健康影响很大，甚至比任何医药效果都好，所以配置房间就应该采取采光最好的位置。

老人在居家的时间最多，要特别注意防寒、防暑、通风，使老人不会由于长期留在住宅内，因空气流通不好而中暑或受风寒伤及身体。

另外，要注意的是不可离家人卧房太远，也不可太吵闹，浴厕也要离得近些。如果是楼房，就要安置于楼下，还得顾虑到楼梯的斜度，千万不可太陡，以防滑倒。

如有庭院，其大小看住宅的空间而定，庭院最好与老人住房接近，在楼梯旁设出口是最方便的。庭院围墙设施也要注意，围墙不要设得太高，以免阻碍日光的照射与空气的流通，庭园草坪也要经常整理，保持整洁美观。

三、老人房的考虑因素

"聚者为气,散者为风"。风是空气冷热比重差的产物,气从风来,因为风本为气,气流为风。区别在于风是平行于地面,与建筑物成直角方向而来(龙卷风另论);气是缓慢上升与地面成直角的。老人卧房所在的方位、窗户开的大小,以及地板材质的选用均会影响室内气流的速度。空气流动速度过快对人也不好,如一个人睡觉休息时,血液流速很慢,汗毛孔张开,过快的空气流动会使人中风、感冒。当空气不流动时,外面新鲜的空气进不来,长时间的空气淤积,会使空气变污浊,也会影响人的健康。如果遇到位置和角度不同的建筑物,户外风进入室内会形成旋转气流或分流,这些均要列入老人房选择的考虑因素。

四、老人房的空间大小

现在一些新兴的公寓住宅，尤其是三室一厅以上的套宅，往往把老人房设计得比较大，有些还配有非常宽大的玻璃窗，成了一间宽敞亮堂的豪华大卧房。根据中医和气功理论，人体在白天，体内能量和外部空间能量是一个内外交换的过程，人体通过呼吸、吸收阳光、摄入食物等等，随时补充运动、用脑所消耗的能量，而一旦当人体进入睡眠状态，则只有通过呼吸摄入能量，但人体在睡眠状态中只是减少了体力活动，大脑因为不停地做梦并不能得到充分的休息，因此在睡眠过程中，人体能量是付出的多，吸收的少，所以建议宁可给老人选择较小的次卧房作为睡眠的安乐窝。

五、老人房的床

窗下多梦。目前有一些新式的套宅，卧房的窗户开得很大，而且很低，如果把卧床靠近窗户的话，床面几乎和窗台是平行的，也就是说，躺在床上可以眺望窗外的风景。如果选择了这样的套宅，建议最好将老人的床放置得离窗户远一点，不然的话失眠和心悸多梦将成为老人的伴侣。另外，即便房中没有低矮的大窗户，但如果卧房的某一个墙面是大楼的外墙的话，也不要将老人的卧床靠在这堵墙下，因为这也是病症的诱发因素。

第八章 老人房风水

人居两旺之居家风水

六、好风水老人房实例

老人房的装修要注意很多细节问题，现代科学理论与传统风水学有许多不谋而合之处。因为老人身体、精神状况的特殊性，老人房的方位、房间里的装饰及摆设都不可随意处理。要让老人在舒适的房间里颐养天年，就得靠后辈细心布置出一个素雅、安静、安全、方便的空间。

风水 小贴士

给老人阳光。根据老人心理和生理的特点，老人的卧房应尽量安排在朝阳的房间，这一方面是因为老人喜阳，另一方面是中国人在风水上会选择接受阳光较好的房间给老人，让老人有更多的时间和机会坐在家中就可以享受阳光。

风水 小贴士

老人房的装饰并无定法，但最基本的要求是门窗、墙壁隔音效果好，不受外界的影响，要绝对安静。所以，老人的房间应尽量安排远离客厅和餐厅这些人员活动多的空间。

风水 小贴士

在色彩的选择上，老人偏重于形式古朴、色彩平和、沉着的室内装饰色，这与老年人的经验、阅历有关。

第九章 书房风水

知识经济挂帅的今天，读书是改变人生境遇的最佳途径之一。一个好的书房风水往往会带来意想不到的成果与运势的提升，同时跟财运也会有直接的关系。

一、书桌的方位

风水上分为峦头学和理气学两方面，其中峦头学可分大小两类，大峦头是研究山脉、地势、水流、建筑物等的影响；小峦头则专注于室内摆设的好坏。根据小峦头学，书房书桌的摆放有几点必须留意：

(1)不能对门；
(2)不能靠门和窗；
(3)忌横梁压顶；
(4)忌头顶有灯；
(5)坐位不宜贴门；
(6)坐位适宜放在能看见门口的位置；
(7)上方要避开吊柜。

人居两旺之居家风水

在理气方面,采用"九宫飞星"的理论。在九星当中,"四绿"星是文昌星,最利读书。把书桌放在"四绿"飞到的地方,有思考敏捷,读书的效果,亦事半功倍。"四绿"的位置除了由坐向决定外,流年亦有"四绿",每年的位置都不相同,2004甲申猴年"四绿"在东南方,2005乙酉鸡年"四绿"在中央。如不能把书台放在文昌位者,可以把书台作为中心点,将坐位面向文昌的方位,这样也可吸纳到文昌星的吉气。

第九章 书房风水

人居两旺之居家风水

第九章 书房风水

书房书桌最好不要正对着窗户，如果书桌摆在窗户边，最好用双层窗帘遮挡阳光或加挂百叶窗。小孩的书桌背光比面向窗户更理想，因为直接跟窗外相对，打开窗户，在里面学习时容易因外面的景色而分神，这样的书桌配置容易使精神涣散，无法集中。倘若基于房间的形状无法避免而必须面对窗户而坐的话，那么在窗户装设质料厚一点的或丝质的两种窗帘，最好还能够调节光线、避免直射光投射的即可。

二、书桌的禁忌

书桌的安放在家居风水中,有以下几个禁忌必须留意:

宜向门口:明堂宽阔则精神舒畅,吸收知识快速见效。

坐位有靠:背后宜有柜或墙为佳,靠山稳则贵人及长辈提携力大,事业、学业必有较佳发展。

切忌背口:背无靠山,难得贵人、上司、长辈或师长照顾,事业或学业难事半功倍。

门冲不宜:正对房门,令人思想不集中,头脑不清醒,容易引致错误百出,事业或学业难有成就。

有利好运的妙法

文昌位在宅中不同位置,其催旺法亦有不同,现提供以下方法供参考:

大门或厅房:放置毛笔四枝、文昌塔、粉晶柱、紫晶柱、白水晶金字塔、铁树。

厕所:宜放铁树或富贵竹四枝。

厨房:宜放四条葱及一芹菜,或四枝富贵竹亦可。

书房是用脑子、用眼睛的地方,因此要达到气氛安宁、空气新鲜、光线充足、色泽清爽的基本要求。

在气氛安宁方面,书房应单独一间,不要放在卧房内,最好是选客厅旁的一间房间。

为了宁静,书房内不宜放置音响设备,不过有不少人已养成边看书边听音乐的习惯,书房也当休息室用,摆一套好音响自是惬意。

空气新鲜即意味着空气要流通,如果条件许可,不妨考虑在桌前摆个负氧离子机,可以供应鲜活空气,长期使用能保持头脑清晰和健康。

在光线充足方面,其实对眼睛最好的是白热灯泡,但由于白热灯泡颜色较黄且温度较高,会使室内感觉较热。现在一般人喜欢买一台灯放在桌子上使用,要注意的是一般台灯配合普通日光灯来用,较会闪烁,对眼睛不好,应改用全光域的太阳灯管。除此之外,书房内还要有整体光源,一般都是在天花板上装个吸顶灯。

在色泽方面,墙面色彩不要纷杂,以清爽的浅蓝色和浅绿色为宜。绿色可以护眼,在五行上绿色为木的本色;绿色对肝也有好处,不过不要用浓绿色,以浅色为宜。

第九章 书房风水

三、好风水书房实例

　　书房宜静宜雅，作为供人学习、读书、静思的空间，这里不能太过花俏，但仅注意这些是远远不够的。因为仅仅是书桌的摆放就有很多讲究，书桌上的物品摆放也不能随心所欲。不妨让我们一起来欣赏这些集明、静、雅、序于一身的书房，也许你会从中得到不少启示。

 **风水小贴士**

书桌的方向和位置。一般来说，将书桌对着门放置比较好。例如，书房的门是向南的，就将书桌也向着门放置即可。书桌的方向要对着门，但在位置上却要避开门，不可和门相对，否则，精神无法集中，而且这种长期受冲的书桌位置，不利于事业。

风水 小贴士

书桌同样忌讳横梁压顶，如果实在无法避免也要装设天花板将之挡住。当然，更忌横梁压在坐者的头顶或书桌上，否则影响事业的经营和身体健康。

风水 小贴士

每一间书房都应该有窗，因为有窗的房间，空气以及光线均较为理想。但有一点请注意，书房的窗不宜对正书桌。

第十章 厨房风水

灶乃住宅三要之一，可见厨房在家居风水中的影响力是不能忽略的。灶是住宅内财丁是否兴旺之标志，也是财富之体现，故其方位好坏与否是影响住宅好坏关键所在。

一、厨房的方位

厨房是煮食的地方，五行中属火。

厨房在屋内的北方，北方属水，故称为水火既济，主家人平安。

厨房在屋内的东方或东南方，这两个方位五行属木，这是木火通明之格局，主家人常得贵人扶持。从环境卫生学的立场而言，东南方最好，四季都有充足的光线，冬天也不会太冷。早晨气温低，却可享受阳光的照射，中午气温高，却又变成阴凉的地方，食物的新鲜度可以保持较久，不易腐坏。

厨房在屋内的东北方，东北方在五行中属土，称为火土相生，这是融和之相。

厨房在屋内的南方，南方属火，此为火气太旺之征相，只可作小吉之论。

厨房在屋内的西北方或西方，这两个方位五行属金，这是火金相克之相，主运气反复。

厨房在屋内的西南方，五行属土。西南方因气流的关系，属不利。从卫生角度而言，厨房是煮食的地方，用水量多而潮湿，位于西南面虽则采光条件好，夏季吹南风便将厨房里烹煮的烟和蒸气弥漫住宅，容易发生火警使住宅脏乱潮湿。

厨房除了在方位上的吉避要注意外，屋内的抽油烟机、炉、水龙头等，最好也安排在风水的吉方。

二、厨房的装饰色调

厨房以装饰白色最佳，因为白色是纯洁和清洁的象征。全黑的厨房是最大的忌讳，因为水的代表色是黑色，而水乃制火之物，不宜。红色亦不宜，会使厨房显得热气过度，造成居住者的脾气变暴躁。

三、厨房炉灶宜忌

炉灶对家居风水的影响力不能忽略。在《八宅明镜》一书有云:"锅灶人皆视为细小事,而不知为宅之要务。"风水上厨房炉灶的宜忌有:

炉灶不宜正对大路,炉灶不宜贴着窗。

炉灶不宜被水龙头冲射,如果这样,家人会很容易染上一些与肠胃有关的疾病。厨房的橱柜,切勿放在炉灶上方。

炉灶的底部忌水管经过,如果水管或煤气管贴墙边而过,也不会构成风水上的坏影响。

炉灶要常常清洁,否则,影响这方位的空气,会对健康不利。

炉灶适宜安置在东方或东南方。因为东方属木,东南又属木,炉灶属火,成为木来生火之局。

第十章 厨房风水

四、开放式厨房

开放式厨房从易卦八宅风水来论,是传统的好。炉向最适宜向着生气方、延年方、天医方、伏位方,而以生气方最好,有助于升职;炉灶不宜贴着坐厕、蹲厕。如果住宅真如此,便要考虑改动炉灶或改动坐厕了。

1.气体炉忌冲灶口
多是石油气炉,这时便要留意灶口有没有与气体炉相对。炉与灶口相对,不宜。

2.炉灶不可对墙角
家居风水中最常见的便是墙角冲射,炉灶不宜被墙角所冲。尤其是锐角。其解决方法有二:一是移炉改灶;二是把墙角包圆。

五、厨房勿设于宅中心

外国的房屋,有些是在屋中心位置做厨房的,这在风水学理中,是不宜的。大家想一想,用油煮食时会产生大量油烟,如果厨房设在屋中心,一来油烟难以散去,二来油烟散发到客厅中,就会充溢着一股浓浓的油烟味,影响身体健康。

1.炉灶也要倚靠
炉灶如果设在中央,则四方无倚无靠,绝对不宜。炉灶也需有个靠山,这靠山便是墙壁。

2.炉灶忌黑红二色
在选择煮食炉时或在建设灶座时,有些颜色是不宜采用的。炉灶五行中属火,用红色不宜,因为红色也属火。另从色彩心理学上分析,红色容易使人脾气暴躁,用黑色亦不宜,所以在选购炉或设灶时,对这两种色最好避用为佳。

3.上厕下厨大不宜
不管室内间隔如何改动,也要留意厨房。如果楼上的间隔为厕所,那么绝对不宜在楼下同一间隔内改作厨房。因为厕所是排泄废物的地方,厨房是烹煮食物的地方,无论如何改动,厕所间隔绝对不宜改为厨房,厕所亦不宜压厨房。

4.横梁不宜压炉灶
室内如果有横梁,原则上不会构成问题。但要记住的是,横梁不宜压灶。

人居两旺之居家风水

六、好风水厨房实例

　　如今的厨房与旧式的灶堂已有很大不同，但其本质还是煮食的燥热之地，对一家的风水影响仍非常之大，主管着家人的健康、子嗣、财富，不可不重视此处的风水。现代厨房大多拥有先进、方便的厨具，厨房风水里最关键的灶位也因时代、设备的变化而与古时的要求有所不同，因此古书上的诸多说法也许并不一定适合于现代厨房。下面这些厨房正是将古代风水与现代设备完美结合的典范。

风水小贴士

在风水上,厨房被定义为属阴的区域,是储存食物的地方,而不是全家人经常使用的地方。然而,如果将厨房的一角当成用餐区,即可增加厨房的阳气,使厨房阴阳平衡。

风水小贴士

镜子在风水中的运用有正反两面的效果。镜子的正确摆设可增进或改善风水状况,但若摆设不当,则会对居住者造成很大的伤害。厨房悬挂镜子的禁忌之一,就是镜子不能照到炉火,镜子若悬挂在炉子后面的墙上,而照到锅中的食物,更不宜。另一方面,若是在进餐区悬挂镜子,映照桌上的食物,则有加倍家中财富的意义。

第十一章 吧台风水

吧台在家居中的出现通常是间隔于餐厅与客厅之间，稍高于客厅沙发或家具的一片小小平台。功能上既可用作摆放装饰品、酒柜，也可在向厅堂的一面设几个高脚座椅，让谈话的人们调剂情绪。它装点于大厅的一隅，区域上是连接家人就餐区（餐厅）与会客区间的枢纽。设有吧台的居家使大厅看起来纵深感更强，装饰风格也更彰显现代个性。

一、吧台宜忌

为配合家居风格上的和谐，吧台的形状千姿百态，选用的装饰材料多姿多彩，在风水上只要尽量避免出现缺角或凸出太明显的形状即可。因为这种"角煞"的冲克力，属于心理学的范畴，越是敏感的人，受这种"角煞"的影响越大。比如说坐在厅中的沙发上，面对尖端一角的吧台，有如一把尖刀对着自己的脸，虽然它并不真是刀，但毋庸质疑地肯

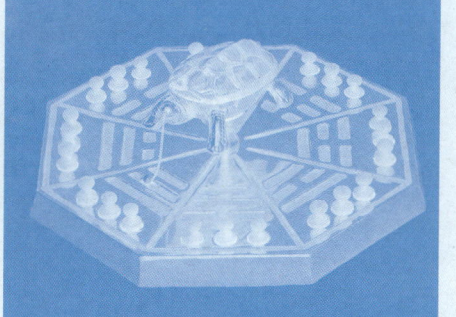

定感到不自在。"角煞"冲克的道理是一样的。你可能对它的存在已习以为常，但它的存在直接作用于你的潜意识，而你的显意识却已经麻木了，长此以往，会对身体和精神两方面都造成不利的影响。另外，棱角尖锐的形状会放射出煞气，不利财运。

二、吧台的装饰品

装饰品的摆设上，如果吧台刚好是大厅开门的对角线上（财气位），则适宜摆设金元宝、招财石。因招财石本身会不停的转动，有水流在其中，所产生之气流，会加强财位之力量；又或把盛水的花瓶插上花也可，但是要保持花的新鲜度，枯萎即换；植物的话最好是圆形的阔叶常绿植物，诸如海芋、富贵竹、黄金葛等，一来助于财气位开运聚财，二来化解煞气，增添福气。当然都需要细心养护，经常擦试叶面保持干净才是。

三、吧台的色调

与大厅中众多装饰物一样，吧台除了形态上不能太突兀形成冲煞外，在所选的材料颜色、材质上也有一些风水考究。在风水学中，红色五行属火，在八卦方位中属南方。若吧台在南方，放置红色、紫色的装饰或物品，可以加强那一方的气场，引进财气；若吧台是在北方，则要用黑色或蓝色，因为黑、蓝色代表北方，五行属水，也可以放置高脚水晶水杯。西方与西北方都是属金，金、银色的饰品可以带来好的气场；西南方与东北方属土，可以选择黄色为主色的饰品装饰；东方与东南方属木，可放置绿色饰品或是发财树，摆放时以搭配自然和谐为原则，色彩也应力求协调柔和。

第十一章 吧台风水

人居两旺之居家风水

第十一章 吧台风水

人居两旺之居家风水

四、好风水吧台实例

吧台是品位和闲适生活的标志，是时尚家居的代表。可以根据自己的生活习惯和喜好安置在客厅、餐厅或厨房，如果你愿意，甚至可以在阳台、卧室等空间布置一个小小的吧台。在不规则形状房中，利用吧台弥补房形的不足，更添一份情调。吧台是古时没有的事物，如何依据风水学原理来布置出一个别致的小角落呢？风水学是活学活用的，下面这些吧台图片就向您作了最好的说明。

风水 小贴士

将餐桌与酒吧结合,使酒吧兼作餐桌,一般可以设计成"T"型或"L"型,吧台可分为上下两层。下层挑出一部分,做成折叠式,支起时形成小餐桌,供数人用餐,放下时就成为吧台,可减少使用面积,支架可利用吧柜的门窗。吧柜设计得稍大一些,用以存放酒具及餐具。由于一台多用,占地少,尤适宜无餐厅的小面积居室。

风水 小贴士

灯光是营造吧台气氛的重要角色。一般暖色调的光线比较适合久坐,也便于营造气氛。黄色系的照明较不伤眼,再加上射灯光线一强,可以穿透展示柜,让吧台呈现明亮的视觉感受。吧台的灯光最好采用嵌入式设计,既可以节省空间,又体现了简洁现代的风格,与吧台的氛围相适合。

风水小贴士

台面的深度必须视吧台的功能而定，只喝饮料与用餐所需的台面宽度不一样，如果台前预备有坐位，台面得突出吧台本身，因此台面深度至少要达到40～60cm，这种宽度的吧台下方也比较方便储物。

风水小贴士

吧台应具有多少长度才方便使用呢？一般来说，最小的水槽需长60cm，操作台面60cm，其他则按自己的需要度量即可。

第十二章 卫生间风水

按照风水理论，卫生间为污秽潮湿之地，关于卫生间有诸多禁忌，如不可正对房门、不可处于风口位置等，这些理论在现在看来也是符合环境卫生要求的。现在具有多套卫生设施的住宅已成一种趋势，殊不知这样的设计在为人们带来方便的同时，也还来些健康隐患。因此在装修时，更加需要对卫生间风水予以特别的关注，这样才能使家人居住得更舒适。

一、卫生间不宜接近大门入口

大门带动地气入屋，如果接近卫生间，其地气一入屋便被卫生间之阴气渗透（凡物件皆分阴阳，风水以洁静属阳，污秽属阴，卫生间是出秽的场所，所以属阴），然后再传入屋内，便会影响室内的风水。

人居两旺之居家风水

二、卫生间不宜在正西方

卫生间若是设置在全家的西半部，对屋主直系晚辈的运势会有负面作用，因为家宅的正西方位是主宰子孙运势的地方，将卫生间设在正西方位，晚辈会头昏昏，愚鲁难教又叛逆。家中正西方位上若已盖成卫生间，可以将卫生间的门改成"镜门"，不过也要注意是否会影响到门对面。

三、卫生间不宜在房子中央

将卫生间放置在房子中央，对房屋的整体气场会有极不好的影响。因为这样的格局会将卫生间的秽气散播至家里的四面八方，房子的中央最好规划成宽敞的空间，不宜当作卫生间、厨房等积攒污秽的空间。

当卫生间在房子中央时，卫生间内的湿气、秽气会流散至宅内其他房间，容易导致家人生病，对健康极为不利。如果家中卫生间已设在房子的中央，最好重新装修调整。

四、卫生间宜阳光充足、空气流通

阳光与空气其实都是判断浴室风水之重要指标，如果有足够大的窗户，应保持其空间时时有清新的空气与充沛的阳光。众所周知，厕所浴室是容易滋生细菌的地方，而且时常是潮湿的，如果缺乏清新的空气进入，污浊之气便容易积聚于此，长此以往事必有损如厕人的身体健康。相反，如果卫浴间常伴有清新的空气，沐浴在阳光之下，则卫浴间定会是干燥卫生的。因为阳光不但能杀菌，还能给卫浴间带来生命力。阳光撒落在人的肌肤上，皮肤上的水点会将阳光分解成七色，每种色的照射，对身体都有不同的好处，给人带来健康。

风水小贴士

卫生间内的镜和门所占的墙不可在南方，洗手盆、花洒和水盆宜放在北、东北或东方；污衣篮则最好放在西北方，而厕盆可置于南方。

五、卫生间的其他设施

卫生间内不单只有坐厕会影响风水，其他的设施亦对风水发生一定的影响。

一是浴缸。浴缸的形状以长方形或圆形为吉利，规则的五边形、六角形也可以，但切忌使用三角形或不规则的形状，那对使用者不利。浴缸也不宜太大，这是在购买之前就要仔细考虑的问题。

二是镜子。浴室内放置镜子是家居中比较普遍的装饰，生活中梳妆盥洗都要用到镜子，然而镜子在浴室中的安放是有一些禁忌的，比如镜子不宜正照窗外；镜子不宜太大、太多等。

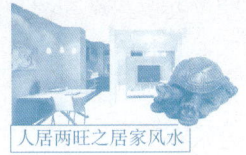

人居两旺之居家风水

六、好风水卫生间实例

随着人们观念的更新，原本缩在宅内一角的阴暗的卫生间逐渐变大、变明亮了，卫生间的功能也越来越多，如沐浴、洗衣、更衣、化妆等，卫生间内需要收纳的物品也随之增多起来。而中国古代卫生间的功能较之现在单一，那么是不是所有关于卫生间的风水宜忌都不再适用了呢？我们发现古代关于卫生间风水的一些讲究用于今天的卫生间仍然是有一定科学道理的，这正是前人生活智慧的积累和总结。

风水小贴士

在住宅的风水上，为了使厕所不至于影响到家人的运势和健康，最好把它设置于西北、东南或东方位（从房子的中心看）。

风水 小贴士

为节省空间，现代房屋设计大多会把住宅的卫生间和浴室建在一起，但从传统风水学的理论来看，浴厕是水积聚的地方，若弥漫过多的湿气，会影响人体健康。而水停滞不动就是浊水，浊水会影响爱情、工作运势，所以浴室要有窗户，让阳光、空气可以进到浴室内，并将过多的水气蒸发掉。

风水 小贴士

根据中国传统家相学的原理，马桶的方向不可和套宅的方向一致，比如套宅大门的方向朝南，那么当人坐在马桶上的时候，如果面也向着南方，就是犯了马桶与套宅同向的忌讳。

风水小贴士

根据中国传统家相学的原理,卫生间的地面不能高于卧室的地面,尤其是浴盆的位置不能有一种高高在上的感觉。五行学说认为,水是向下流的,属润下格,长期住在被水滋润的卧室里,容易发生内分泌系统的疾病。如果您非常喜欢这样的嵌入式浴盆,可以将它安置在另一间离开卧室较远的卫生间内。

第十三章 阳台风水

阳台是一个房子的突出地方，一般在风水上前阳台象征的是夫妻或男女主人的未来，后阳台象征的是子女的未来。因此，在阳台的使用上，要注意一些问题，以免不利于家人的前途。

一、阳台注意事项

前阳台多是向阳的位置，因此一般家庭几乎都会把衣服晾在前阳台，但是要注意如果在前阳台晾晒衣服，只能晾在墙的前方，而不宜在前阳台正对落地窗或大门的位置晒衣服，避免一堆衣服挡在客厅前面，这预示阻挡了主人的前途。

都市由于寸金尺土、空间面积的限制，令许多家庭在装修房子时，把原本的阳台敲掉以达到拓宽大厅或改成就餐室，其实这在风水上都是不好的做法。因为阳台代表着男主人的前途、事业运，将阳台打掉，有如打断了前途，住在里面的人，自然会逐渐流失人脉，使事业无法顺利升迁。

二、阳台的形状

　　阳台可以说是一间房子的呼吸道，是直接接触外界的自然空间。若一间屋子的阳台形状方正，摆设整齐，屋子的气流自然变得顺畅。人住在里面也会感觉舒适、愉快。相反，若阳台形状歪斜，或是堆放众多杂物，整间房子就会变得空气窒息凝固，居住里面的人往往会受到影响，小则心情容易郁闷，大则攸关事业的起伏，因此需要特别注意。

三、好风水阳台实例

阳台是楼房的产物，一般来说这里阳光充足，空气流通，可以供人们晾晒衣服以及作为休闲场所之用。在阳台上摆放合适的植物和饰物，不但可以美化家居环境，还能为家人带来好运气。但有不少家庭把这里当作"垃圾场"，把废弃的东西都杂乱地堆放在阳台上，殊不知这样会破坏家中的好风水。如果把阳台改作它用，又当如何布置？欣赏了下面这些阳台图片，您就会知道应当摆放些什么吉祥物和植物来点亮这个空旷通爽的空间了。

风水小贴士

植物具有净化环境、吸收毒气、吸收噪音、调节湿度等多种功能，可把前阳台作为绿化场。阳台可放置盆景，可栽培水耕植物。

风水小贴士

阳台不要与出入大门的位置正对，不利于家中聚财。若正对大门，可做玄关柜阻隔在大门和阳台之间，或在大门入口处放置鱼缸（命中忌水者不可放鱼缸，可以屏风取代），也可做阳台窗将阳台阻隔，种植盆栽及爬藤植物，窗帘长时间拉上也是可行的方法。

风水小贴士

阳台不宜面对街道直冲。倘若从阳台外望，看见前面有街道直冲，仿如猛虎迎面直扑而来，不宜。因为现在车辆的增多，直冲的路面上快速行使的车辆以及嘈杂的行人都会产生持续的干扰波，不断经过阳台冲击住户，打乱平和的生命磁场，对住户安静的气氛产生影响，非常不利于住户的健康。

第十四章 风水吉祥物品图解

铜制玄武摆饰品
—— 防御攻击

此饰物乃龟蛇相连一体，如摆放在董事长和总经理的桌子后面，可以使人安心工作，事业有成。（高度约7.5cm）

 有奖互动解答

您能破解吉祥物品的幸运奥秘吗？

本书中展示了一些生活中常见的吉祥物品，您知道这些物品的幸运奥秘和用途吗？

这里，我们对物品阐述了其寓意，您是否同意这些观点？等您来函回复。

看谁可以解释得更为科学和贴近生活。我们将会挑选一些优秀的读者来信刊登在续集新书中，稿件一经采用，您将有机会获得一份精美纪念品。欢迎踊跃投稿！

来稿请寄：
广东省深圳市福田区天安数码时代大厦B座708室
深圳市金版文化发展有限公司（编辑部）收
邮编：518040

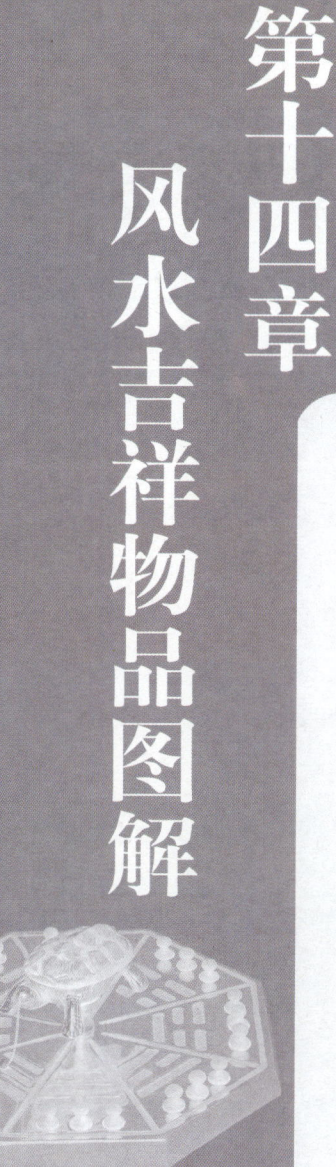

虎形风水摆饰品（合金制、铜制）

—— 改善关系，平衡能量

由于虎是喜好孤独的动物，习惯独自行动的生活方式，就决定了虎是会危害人际关系的。但是，另一方面在家族群体里，虎又是情感深厚的动物，所以，一般来讲在家庭中的大门、客厅等公共场所放置此物，不但不会破坏人际关系，反而能改善父母与子女以及夫妇关系。可是，在寝室及个人房间就应该避免摆放虎这样的凶兽。摆放位置是：在房间的西角或是大门正对中的左侧。

使用目的：平衡龙的能量。

（下上图/合金制：长度约25cm，下下图/铜制：长度约14cm）

"四神相应"的造势

—— 极其考究的一种手法

在古时文化圈中，以"皇帝"为首的因为地位高被人们尊称为"主人""长"的人都是面南而坐，认为那样吉利。当主人们面南而坐时，面对的自然是南方，位于南方的"朱雀"就将前方的状况及未来的预见收集起来并传达给主人。另外，主人的右手侧，即西方，是原本强暴不驯、现已驯服了的"白虎"。同时，位于左手侧，即东方，是飞腾着的可以提高主人运气的"青龙"。最后，是位于北方从后面保护主人、防御突袭攻击的"玄武"。自然主人就坐在最活性化的中心，这个地方旧叫做"太极"。在这里阴阳混合（用叫做勾陈的天马和称之为腾蛇的可以在天空中腾飞的蛇来表示），攻击与防御皆佳，内里充满活力，是孕育事物的最高境界，这就是风水中"四神相应"的来由。

在风水中，判断"四神相应"位势有两种方法：一是观察四周的环境，探察出"四神相应"的土地，然后构造出居住环境；二是调整已经现有的事物，构造出"四神相应"的环境。第一种方法因为在现代能够探察出来的大多已为他人所有，很难得到，所以第二种方法较为常用。用第二种方法构造"四神相应"环境，具体有以下两种方法：

A.首先，站在房间中间，然后面对主要出入口的方向并将其视为南方，这样，右手边为西方，放置白虎；左手边为东方，放置青龙；出入口的对面为北方，放置玄武，如此"四神相应"的环境就自行造势完成了。

B.在房间的中心正确放置磁石，在正南、正西、正东、正北放置朱雀、白虎、青龙和玄武。此时，无论有怎样的障碍物，都必须当其不存在，正确放在准确位置是非常重要的。

A和B的效果依情况不同而不同，方法A因较简单易行适合个人自行放置。而方法B如可请专业大师则能更准确地放置风水饰物。

铜制"四神相应"套件

——调整风水，守护家宅

我们在自己的住宅中采用四神守护的办法。首先，应作出自家住宅的结构图，大概的结构也可。试着分析图纸中的位置，不必考虑阳台，确认家的中心所在，然后，在家的东南西北做上记号，南面墙上画朱雀，北面墙上画玄武，东面墙上画青龙，西面墙上画白虎，形成"四神相应"。（凤凰：高度约8cm、宽6.5cm，玄武：高度8cm、宽6.5cm，青龙：高度8cm、宽6.5cm，白虎：高度9cm、宽6.5cm）

台座

风水花瓶

——调整阴阳平衡

装饰有风水四神图案的花瓶，只需用来装饰房间，就可以起到招徕幸福的作用，不失为行之有效而又简单易行的风水手法。花瓶的放置方面，如果是商业场所，应放在客人目所能及的地方；如果是家里，应放在家族成员聚集的休息场所。

此花瓶的"四神相应"的造势方法为：先将方位磁石装入花瓶台座里，对准北方，再将花瓶的凹洼边对准台座上东北方向有☆印的位置。另花瓶中还可以放入水晶玉和古钱。

玄武　白虎　青龙　凤凰

水晶七星阵

—— 令气活化

在北京紫禁城里皇帝玉座上方的天花板上有太极的设计，这个太极是由所谓七星阵的七个玉构成的。传说如果是昏庸无能的皇帝来管理国家政治，坐在玉座上，玉就会从天上坠落摔坏。反之，如果有能力的皇帝坐这个玉座的话，七星阵就会从头上放出强烈的能量，给皇帝增添能力。

另外，在住宅的中心为了调节事物间的平衡，活化其间的气，使用水晶很有效，水晶可以吸收邪气，令心想事成。水晶七星阵是激活住宅和工作场所建筑物的"中心能量"，增强运势的传统的风水手法。因为其效果的绝对性，数千年来一直传承延续下来。

究其原因，是因为在水晶七星阵中包含了铜制、太极、八卦、七星阵、水晶、如意等各种良性能量，这里，我们分别进行说明。

铜制：铜制是风水手法的基础。自古以来，铜的滚动就与水和气的流动有密切关系。任何物质中的铜金属都会对该物质中存在的能量起调和、增减和牵引的作用，因此，在风水中多用，它还可以净化和削除负能量。

太极："易经"的"易"字分别是由代表"日"和"月"的两个字构成。大家都知道，日代表阳，月代表阴，阴气和阳气交杂混合产生出"动"和"静"，动静的变化又使万物产生成长。总之，万物的繁衍起始之基点的能量就是由此集约而成的。

八卦：在风水中经常被使用的"先天八卦图"，据说，是四千多年前古代一个叫做"伏羲"的伟人发现的图形，是可以惊天地泣的鬼神的护符。因为它有打散、化消、除去邪气和煞气的作用，所以被代代相传使用至今。

总之，八卦是一种能驱远所有令自己感到不快的事物的能量。

七星阵：根据天运和地运的法则，最大限度地引出水晶的能量和威力设计而成的七星阵，可以提高运势，避开煞气。

△ 向上的三角形表示精神力、静。（阴）
▽ 向下的三角形表示肉体、动。（阳）

水晶：水晶与"无限"有着接触关系，因为水晶被认为是可以唤醒个人体内潜在的能力、引导梦境变成现实的神秘之石，所以无论东西方，自古都把其作为开运风水手法之一而使用至今，特别是提升财运的针水晶、调整人际关系的红水晶等。

如意：铜盘的四周雕刻着的带状饰物就称之为如意。它是传统的文饰，正式的说法是"吉祥如意"，即吉祥（幸运）可以如意（如愿以偿）。

这6种能量相互交织相乘，想必发挥出来的威力将是无以伦比的。

第十四章 风水吉祥物品图解

狮子牌（铜制）

—— 安定气场

狮子牌同狮子摆饰物一样，具有抵御的功效，当因某种原因无法摆放狮子时，可以用狮子牌代替。特别是对墙角（面对着墙角）和屋角（面对着对面房屋的根脚），以及电梯对面的尖角很有效，只需将狮子牌吊在气口便可起到安定气场的作用。

另外，因为与虎不同，狮子没有"伤人之害"给他人带来坏影响的担忧，所以，可以轻松地在家里和办公场所使用。（直径：约21cm）

风水狮子

—— 令生意兴隆

狮子有超级的防范能力，雌雄一对的狮子一般摆放在入口，抵御任何邪气，防止入侵。一般来讲，龙摆在室内，狮子摆在室外，这样分别镇守，功效显著。狮子摆在门口时一定要面朝向外，雄在左，雌在右，这是由阴阳五行中"左青龙男，右白虎女"的规定而定的。

狮子不仅可以防御邪气，而且拥有招财的最高能力，是用以祈愿生意兴隆的最适合的风水动物。

（上上图：高度约15.5cm，下下图：高度约21cm）

铜制狮子牌

—— 抵御、防范

如果想使用狮子饰物，但又无法摆放或怕饰物过大，太过惹眼，这时就可以使用铜制狮子牌，将它挂在自家或公寓门口，同样能够起到抵御、防范功能。

可以放在钱包和小木盒中，携带起来也方便。

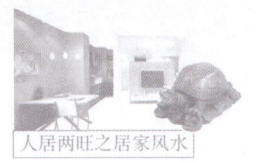

狮头吊坠
—— 保持良好环境

又称为"开运吉祥辟邪狮子头",俗称"狮子吊坠"。在住宅、店铺和办公室等处用风水手法把周围环境调整后,将狮子吊坠挂在正门、东北方和西南方三个地方,用以防止邪气进入,保持良好的风水环境。另外,无论工作场所还是家庭,凡是有气存在的地方均可吊挂小型的狮子吊坠,一般每年要更换一次新的。(右图:角到角距离约7.8cm,左图:角到角距离约30cm)

铜制(风水)犬摆饰品
—— 防御功能

在门或入口的附近可以摆放铜制犬饰物,面朝外放置,把守门口。特别适宜不能养狗的公寓或商业住宅的住家门口。(高度约6cm)

陶制古书
—— 净化心经、安定气

刻制了古书的陶板可以摆放在佛坛上,代替你向佛祖念颂心经。此物需用专门的台架以便竖立摆放。古书有净化心经、安定气的作用。

如果摆放在会客间、董事长等高级管理者的办公桌上,可以安定精神状态,对商业营业有良好效果。

(宽度约13cm)

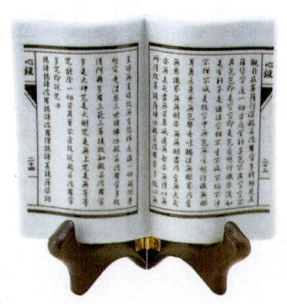

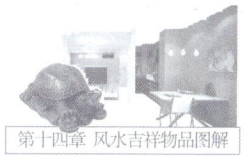

眼球玛瑙

—— 增强持有力，具有最强的防御、保护作用

玛瑙据说是距今2000～2500年的远古时代从天而降的"神仙石"，是由古代西藏传至世界各地的。眼球玛瑙有增强自己的持有力、最强的防御力以及保护主人于各种危难中的作用。从古代开始，它就作为防御邪气和邪恶的神石，被人们重视使用。

像睁大了的眼睛一样的眼球玛瑙，象征着"神、真理、睿智"，可以看通事物的本质和灵的现象，从周围传来的哪怕是没有什么攻击性的邪魔都可以将其斩断。当感觉自己被人嫉妒、憎恨或厌恶时，抑或自己怀有嫉妒、憎恨或厌恶的想法时，将玛瑙佩带在身是很有必要的。

此物可以保护环境使其安定，还可作为护身符佩带，以及防止车祸挂在车内。

作为风水手法之一，将眼球玛瑙吊在自己在意的地方，可以防御邪气入侵。有时，人们还使用它抚摩身体以吸走身体里的不吉之物，是非常普及的风水手法。使用天然玛瑙，还有各种各样的颜色。（长度约34cm）

凤凰圆盘

—— 利事业运、异性运

与"龙的圆盘"一样，"凤凰圆盘"也是用合成树脂做成的。它适合那些希望能活跃在商业舞台上的人，以及希望能与出色的男性拍拖的女性。（直径约27.5cm）

铜制龟

—— 象征长寿

在日本象征着长寿的龟受到人们的亲近，同样在中国也受到欢迎。在风水手法中多用于化散邪气。龟甲形似凸面镜，又像似描绘出的弧线，被认为可以弹击、打散房屋中滋生的煞气能量。

如果从阳台或窗户可以看到两侧高层建筑物所产生的煞气的话，可以在阳台或窗户上摆放一对铜制的龟用以化煞好转。（长度11cm）

龟型摆饰品

如要修整从顶棚或天花板上滋生的不吉之气，抑或在楼梯下的生活空间时，就可以使用龟型饰品，现今非常流行的建筑设计有高台斜面（复式）的房屋就必须使用它。风水中认为倾斜的天花板会打乱空间环境不宜建造，因为如果在这样的顶棚下生活，不仅空气不流通，而且容易产生争论和口舌，使人无法生活舒适愉快。用龟的调整方式为：在天花板下或干脆在地上放几只即可。

风水五帝麒麟宝

—— 增强能量

可以消除祸患、安定气的麒麟，如果吊饰以六帝钱，可以增强能量，抑制混乱不堪局面。麒麟还可以助提高财运和金运而努力的人们一臂之力，为妊娠妇女和产后的人带来祝福。（长度约30cm）

风水麒麟摆饰品

——助人如愿以偿

此乃一对铜制麒麟饰物，左边的口中衔着"十宝"，可以使人如愿以偿。是单一只使用还是一对摆放要依实际情况来定。对于白手起家、自己动手的人还是先摆一只的为好。右边的是铜制的一对迷你麒麟，摆放在起居室或私人房间或大门等处，可以带来和平安详的生活。（左/高度约14cm，右/迷你尺寸：高度约7cm）

五福圆盘

——寓意五福临门

五福圆盘是由5只蝙蝠相连而成的设计,是古代有名的设计,被称为"五福临门"。它意味着人生中的5种福(也是所有的福)都聚集到自己的门口,这五福分别是"长寿"、"富贵"、"康宁"、"好德"、"善终"。

长寿:命很长且福寿相伴。

富贵:不会感到缺少钱财,地位高,受人尊敬。

康宁:身体健康,心神安宁稳定,心无所忧。

好德:常做善事,广积阴德。

善终:在生命终结时,心无牵挂,安心地离开人世。

另外,蝙蝠在可以招福的同时还有其他值得期待的效果,它有强力的化煞效力。例如,当天花板上有横梁突出时,为了化解房梁上的压煞,可以在房梁上吊一两个蝙蝠吊坠饰物,此时便可不用五福圆盘。(直径约28cm)

风水马摆饰品(铜制、合金制)

风水中,调整父母与子女之间关系并使之正常化时可使用马的饰物。马的摆饰品是搬迁时必不可缺的物品,当想寻找最佳迁移地址时,可以将马的摆饰品头朝外放在住宅的主要出入口的附近。当已经确定迁移地址时,将马的摆饰物头朝室内方向先放置3天以上再搬迁。如果已经搬迁完毕数日了,但仍然感觉心不安定时,可以继续将马朝室内方向放置,就会起到效果。

(左图:合金制约13cm 右图:铜制高度约20cm)

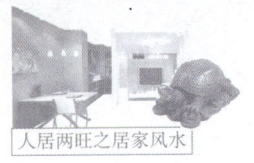

八百玉

—— 增添财运、事业运、人际关系运

八百玉是由八块白玉组成,所谓"八百共发",有助于增添财运、事业运和人际关系运。当家道衰退或公司运气不济时将八百玉装饰在大门或入口处,利于运气上升。当人际关系不好或身体状况差时,须经常将其佩带在身。另有传说把它放在婴儿附近可以防止婴儿夜啼。

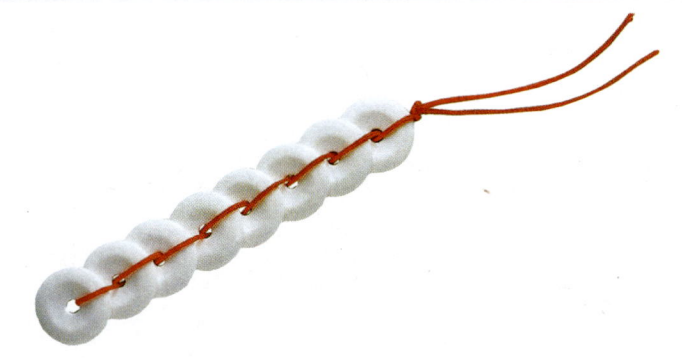

红色、黄色穗坠

—— 提升运气

想必大家都知道用各种适应各个方位和相性的颜色来召唤幸福的风水手法,红色穗坠就是一种简单易行的开运手法。红色是东方相性好的颜色,用红色穗坠吊在房间东侧,能使房间的能量活性化,使人身心健康。黄色是西侧方位的可提高金运的基本颜色之一,将黄色穗坠吊在西侧可以提高金运。(长度各约60cm)

风水竹箫

—— 寓意家庭好运、生意兴隆

竹箫可以增加屋内的吉气。竹箫的关节一节比一节变得更粗,可以带来"步步高升"(逐渐发展的意思)的开运效果。将竹箫细端向上挂在墙壁上,可以使家庭运道和生意运程渐渐好起来。(长度约50cm)

第十四章 风水吉祥物品图解

在文昌方位设置书屋或书斋，力量就会集中，自然学习运、考试运就会提高。古代中国道教寺院在建九层文昌塔前就要先选定好文昌方位。所以，诸多文人墨客在塔里学习研究、著书立撰。文昌方位是精神集中的地方，是专为做学问而设立的方位。

如果实在难以将书屋设在文昌方位的话，可以在自己的桌子上放一座风水文昌塔以提高集中力。集中力提高的同时，开发想象力丰富了，工作效率提高，其结果就是出人头地。

文昌塔的能量可以给做计划、创造、研究工作需要头脑的人以强力支持，所以建议想成为董事长、总经理、创业家，以及从事技术开发、文学家、艺术家等创造性工作的人们使用文昌塔。

另在接受种种考试的学生们为了提高考试成绩可将其放在自己桌子上，和水晶龙一起使用，效果更胜一筹。（高度约20cm）

九层文昌塔

所谓文昌是指支配文人命运的叫做"文曲星"的星。自家大门的方位不同，文曲星转绕过来的方位也就不同，这方位就叫"文昌方位"。

学习房间的入口与文昌方位的对照：

入口方位	文昌方位
西南	北
西	西北
北	南
东	西南
东北	西
南	东北
东南	东
西北	东南

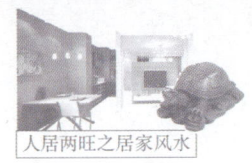

招福吊坠饰品（银柳吊坠）

——提升运气

在中国文化中各种各样的提升运气的手法中首当其冲的就是吊坠。吊坠上金光闪闪，配有红线穗子非常可爱。在观页植物、招财进宝树、中国开运竹上吊招福吊坠可以招来好运。

另外，在插有铁线的漂亮的树枝上吊31个银柳吊坠，再插入四神花瓶，就叫做"招福树31吊坠"。吊坠的数量是有讲究的，"3"这个数字在风水中表示"咸卦"，"咸"指阴阳相互感应并互相吸收的意思，指万事均可顺利进行。树枝的形状可以依自己喜好设计，单单只是看着招福吊坠就可以感觉到幸运在不断地涌进来。

人居两旺之居家风水

策　　　划：	深圳市金版文化发展有限公司
责任编辑：	赵乐宁
封面设计：	深圳市金版文化发展有限公司
责任监制：	刘青海
出版发行：	陕西旅游出版社
	（西安市长安北路32号　邮编　710061）
经　　　销：	各地新华书店
印　　　刷：	深圳市彩美印刷有限公司　　电话　（0755）88833688
开　　　本：	787mm×1092mm　　1/12
印　　　张：	18
字　　　数：	100千字
版　　　次：	2010年8月第1版　2011年3月第2次印刷
书　　　号：	ISBN 978-7-5418-2149-3
定　　　价：	98.00元

印刷装订如有质量问题请直接与印刷单位联系调换
购书电话：（0755）83476130
http://www.ch-jinban.com